从头发管理开始新生活

U0232772

[日] 佐藤友美○著

麦麦○译

长江出版传媒

湖北科学技术出版社

图书在版编目（CIP）数据

从头发管理开始新生活 / （日）佐藤友美著；麦麦译 . —武汉：湖北科学技术出版社，2020.9

ISBN 978-7-5706-0865-2

Ⅰ . ①做… Ⅱ . ①佐… ②麦… Ⅲ . ①女性－头发－护理－基本知识 Ⅳ . ① TS974.22

中国版本图书馆 CIP 数据核字（2019）第 301943 号

著作权合同登记号　图字：17-2018-256 号

从头发管理开始新生活

CONG TOUFA GUANLI KAISHI XIN SHENGHUO

出 品 人：王力军
责任编辑：李　佳　李　青
美术编辑：胡　博
出版发行：湖北科学技术出版社
地　　址：武汉市雄楚大街268号（湖北出版文化城 B 座13—14层）
邮　　编：430070　　　　　　电　话：027-87679403
网　　址：http//www.hbstp.com.cn
印　　刷：武汉邮科印务有限公司　　邮　编：430205
开　　本：787×1092　　1/32　　印　张：6.125
字　　数：100千字
版　　次：2020年9月第1版
　　　　　2020年9月第1次印刷
定　　价：39.00 元

（本书如有印装质量问题，可找本社市场部更换）

前　言

有七成女性，其整体形象因为头发而被扣分。

听我这样说，或许你会觉得很吃惊，但我已担任时尚杂志摄影指导15年，参与了成千上万名读者的"变身行动"，我保证我说的这句话千真万确。

很多时候，**女性给人的印象由头发决定**。比起改变彩妆、添购新衣、控制体重、上说话课等，**更能决定个人印象的，其实是头发**。

但可惜的是，很多女性对头发重视不够，导致因头发而影响了个人形象。

听到"女性给人的印象由头发决定"这句话，各位也许很难想象这是怎么一回事，"不过就是头发而已"，说不定有些人还会这样觉得。毕竟，我自己也曾有过这样的想法。

过去的我，认为不化妆就不能出去见人，而且非常关注服饰的时尚感……但对于头发，则认为"只要不像刚睡醒一样就可以了"。

工作才是生存之本，头发越容易整理越好，过去的我总是这样想。所以从懂事以来，我一直都留短发。洗完头发，就让它自然晾干，连一把吹风机都没有，还因此被刚交往的男朋友嫌弃。

直到15年前，我才突然意识到："什么？对女性而言最重要的是头发？"当时25岁的我，刚换了新工作，开始担任一本时尚杂志的撰稿人。

那时我才知道了一个让人震撼的事实：原来所有从事时尚相关工作的专业人士，都认为"女生想要变得漂亮，首先要打理头发"。

比如时尚杂志的主编面对新人模特时，总是首先让她们去美发店。发型没有确定好，就找不到合适的衣服搭配，也无法选择合适的妆容。所以，主编总是会对新人模特说："先去把头发弄好。"

首先打理头发，其次才是服装和妆容。我很惊讶，竟然连时尚界的顶尖人物，都认为头发是最重要的。

头发不只是对模特很重要。

预约爆满的知名个人造型师会对顾客说："首先改变一下头发吧，这样才会更时尚。"然后就会带着客人一起去美发店。

因擅长处理肌肤问题而闻名的著名皮肤科医生断言："皮肤虽然也很重要，但想要受欢迎，首先应该打理头发。"杂志减肥专栏的主编说："差个两三千克，在照片上根本看不出来。还不如改变发型让人更显瘦。"

头发，居然这么重要……我开始对研究发型产生巨大的兴趣。我拜托各编辑部门，让我尽可能多地参与她们关于头发的栏目策划。

在头发魅力的吸引下，两年后，我开始专职研究头发，成为日本第一位"美发专栏作家"。

15年了。

作为摄影指导，我确认过的发型，算起来超过4万人。在现场，每个模特会被拍摄50～200张照片。照片一拍下，我就会在屏幕上进行确认，然后请发型师重新整理发型后再进行拍摄，判断哪一个角度拍摄起来最美，最后从中选择一张登上杂志。这就是我的工作。

东京的表参道被誉为"美容圣地"，和这里的发型师合作是我们的最佳选择。除此之外，北至北海道，南至冲绳，我和日本47个都道府县的发型师都有过合作。我和他们一起探讨过，什么样的发型让女性看起来更美丽。

从3岁的女童到80多岁的老妇人，在日本，看过最多女性发型照片的人我想非我莫属。

我既没有发型师的执照，也不会使用剪刀或卷发棒。但15年来，我每天都在看各种"造型前"和"造型后"的头发，耳濡目染下，我也变得十分有心得。

我渐渐知道，怎样调整头发，能够让人看起来更瘦、更年轻、更干练、更性感或者更清纯，等等。

现在，我出版过供专业发型师阅读的发型设计书籍，也参与过美发用品的设计研发，还在日本各地举办讲座，向美发店讲授如何为顾客提供发型设计咨询服务。

头发对个人形象的影响，比我们想象的要大得多。

比起用昂贵的护肤品保养皮肤，把刘海的分界线偏移5毫米，更让人显年轻。

比起减肥3千克，改变脸部周围头发的造型让人更显瘦。

与其花上万元买名牌包，不如将后脑勺的头发用发卷固定1分钟，做出有分量感的造型，这样会让人看起来更成熟、高雅。

很多女性烦恼于得不到上司信赖，无法晋升，她们中有很多人都有头发毛鳞片外翻的问题。

想更受欢迎，想让自己看起来更年轻，想看起来更瘦，想在工作上得到认可，不想被人讨厌……**这些女性的心愿，几乎都能通过在头发上的小小改变来实现**。只要5分钟，不，3分钟也行。了解头发，改变对待头发的方式，你的人生就会更接近"自己想成为的那个样子"。

在这本书里，我想要告诉大家我在15年的职业生涯中所学到的：如何打理头发，让自己更接近自己想成为的样子。这些方法就连不会使用剪刀和卷发棒的我也能做到。

不一定非要剪头发或染头发，也不需要每天卷头发或者编头发。因为头发的影响力非常大，只需将头发造型稍稍改变，个人形象就会发生巨大变化。当然，如果剪头发、染头发的话，那样的改变更大。

我们不能以貌取人，随意评判别人的长相，但为了更直观地让大家领会我所要表达的内容，请原谅我接下来用评分的方式进行表述。**如果女性的长相满分是100分，那么脸部（化妆）占50分，头发占50分。**

也就是说，即使天生丽质，妆容也完美，光脸部表现就可以拿到50分，但如果头发未经打理，只拿到了0分，那综合得分就只有50分。

相反，即使脸部没有那么完美，只能达到30分的标准，但只要拥有一头达到50分标准的头发，那整体便能达到80分。

整体的分数才会决定人们眼中的个人印象。

这世上，凡是带着"美人气场"的人，都深谙此理，她们绝对不会在打理头发上掉以轻心。日本以外的国家，尤其是欧美的女性，就十分了解这一点，所以她们即使为了简单，在化妆时只涂防晒霜和刷睫毛膏，仍然会花时间好好打理头发。

有七成女性因为头发而导致整体形象被扣分，就是因为了解"脸和头发都完美，才是100分的造型"这条原则的人太少。

只是稍微改变一下对待头发的态度，稍微改变一下触摸头发的方式，你的综合得分马上就会得到提升。即使对自己的长相没有自信，只要头发能取得满分，就能从不知道头发重要性的人中脱颖而出，一下子超越好多人。

　　比起脸，头发带来的改变更立竿见影。
　　外在形象改变了，受到的待遇也会改变，因头发变好带来的改变，会让性格也发生改变。性格改变，命运也会改变。也只有头发，能够这么快改变人生。

　　这本书就是讲述关于头发的这些秘密。

　　阅读本书的各位读者，请亲自来试一试这些让头发变美的小窍门吧，如果能在镜子中看到一个"新的自己"，那该是多开心的事啊！

目　录

第四章 ❋ **头发定义年龄**

后记　　头发几乎等于生命力 …… 177

第一章

头发决定颜值

大多数研究表明，第一印象由脸决定。但是，对"脸"的印象，是由哪个部分决定的呢？

眼睛，鼻子，还是嘴唇？也有人说眉毛。当然，这些都很重要。只是，占脸部面积最大的部分，却被很多人忽略了。

对，是头发。

很多女性都认为："脸和头发是两码事。"
但是散发着美人气场的女性都认为：头发是脸的一部分。

她们甚至认为，头发岂止是脸的一部分，头发就等于全部长相。她们知道，把头发弄得乱糟糟的人不会漂亮，所以她们会花心思打理头发。

而且，头发是脸上唯一不用动手术刀，就可以随意"变化"的部分。也就是说，最容易被"整形"的，是头发。我们没有理由不好好利用这个优势。

如何用"头发"来控制"脸"给大家带来的印象呢？
这里要告诉大家的就是"以头发控制外貌"的方法。

美人气质来源于头发

※ 想靠"超近身战"取胜吗？还是……

刚才我们已经说过，如果女性的长相满分为100分，脸部的五官和肌肤占50分，头发占50分。**这在日本以外的大多数国家都是常识。**

日本女性通常会将钱花在皮肤保养上，以拥有看起来零毛孔的肌肤为目标。日本女性的皮肤状况甚至被公认是最好的。

在日本的大街上，几乎看不到素颜的女性。可见大家对于化妆的重视程度之高。

但是，还是想请大家仔细想一想，其实一天下来，大部分遇见的人都不会靠近到可以看到你毛孔的程度。会如此近距离注视你的，大概只有男朋友或老公吧。

而且，**别人看你的角度，几乎不会是正面，大多是斜着**

看过来，看到的多是侧脸、背影。

若看到的是侧脸，能看见的七成是头发；若看到的是背影，则完全是看头发。另外，若从几米远的地方看过来，比起你的脸，你的轮廓和整体气场给人的印象会更深刻。所以，带给他人何种印象的关键，在于头发。

也就是说，只有"超近身战"时才靠"皮肤"，除此以外关键在于"头发"。

成为美人除了脸部妆容，更重要的是气质

❋ 正如刚才说的，日本女性在皮肤保养和化妆方面都十分努力，得到的平均分数都很高，如果满分是50分，大家基本都可以拿到40分以上，在这方面大家差距不大。

正因为如此，头发才显得更重要。

了解头发重要性的人更容易变漂亮。相较于妆容，大家在头发上的得分普遍较低，因此才有更多的提升空间，很容

易借此超越其他人。

大家可以仔细观察，那些经常被人称赞"漂亮""动人"的女性，其实大多并不是天生就拥有完美的脸蛋。

因为工作的关系，我经常可以见到模特或是有"美女"称号的人，其实与普通女性比起来，她们在五官上并没有压倒性的优势。

那么为什么她们看起来很漂亮呢?

那是因为**她们赢在了头发上。**

她们心里非常清楚，所谓美女并非取决于五官，而在于大家具体说不上来，但却能感觉到（不管是斜着看还是站在几米开外都能感觉到）的"气场"，而且她们也知道，**想要营造这样的"美人气场"，关键在于头发。**

并且，留在人的"记忆"里的，大多数时候也是头发。

我曾听一个每周参加3次联谊的男生说："联谊结束后，

男生们聚在一起聊天的时候，大家对女生的记忆都是基于发型，说起来都是'你前面座位上的黑发女孩''你记不记得有个剪短发的女孩'等。大家往往只记得女生的发型。"

决定你给人第一印象的是头发。你不在场的时候，其他人首先也是靠你的头发回忆起你。了解这些并重视自己头发的人，就能掌握并营造出美人气场。

要点

◎ 美女由『头发』决定

✕ 美女由『五官』决定

即使长相不佳，也能因头发得到赞美

既然谈了"美女"，也请让我谈谈关于"丑女"的事。其实，这是我的亲身经历。

我从懂事以来，就一直被班上的男生"丑女、丑女"地叫，亲戚们甚至对我说："你长得太丑了，所以要学个一技之长，万一一辈子都嫁不出去，至少能自己养活自己。"我的长相就是如此让人担忧。

学生时代，我曾以成为职业网球运动员为目标。为了不让头发妨碍运动，我剪了一头短发，活脱脱像只猴子一般。这样的我走进女厕所的时候，会被人提醒"这里是女厕所哦"。当时的我看起来就是这么不像女人。

那样的我，做过公司职员，后来成为了一名文字工作者，还在因缘际会下负责起了时尚杂志的发型栏目，周围尽是些光鲜亮丽的时尚女孩，我则显得格格不入。

尽管如此，我当时还会自我催眠，有一种奇怪的想法："我长得这么丑，如果也跟着注重外表，反而只会让自己更丢脸。"现在想来，那个时候的我真是无药可救。

在时尚杂志工作满半年时，我正好25岁。

那时我已经负责过好几次发型专题，开始慢慢觉得："头发的影响力好像真的很大。"

在那之前，我去美发店时总是毫无要求，从头睡到尾，一切都交给发型师。但那一次，我把从杂志上剪下来的照片交给发型师，告诉他："这是我想做的发型。"

剪完之后，我觉得头发比平时好看了，心情也变好了。

几天后，发生了一件改变我人生的事情。

在工作中遇到的一位发型师一看到我的头发就跟我说："哇，这个发型好适合你，真可爱！"

"好……好……好可爱？"

活了25岁第一次被人说"可爱"的我，又惊又喜，简直有点飘飘然，人感觉都要飞起来了。

回到家后，还在不停回味："人家说我可爱！""我（的头发）被称赞可爱了！"想到就禁不住嘴角上扬，喜悦之情溢于言表。你觉得我的反应有点夸张了是吗？但是，我的这种心情是"天生的美人"绝对无法理解的！

❋ 丑女也能在头发上得"满分"

第一次因为头发被称赞"可爱"，我得到了"只要好好打理头发，不管怎么丑都能得到表扬"的勇气，不管脸长得怎么样，头发我一定要好好重视。因此，后来不管多忙，我都坚持2个月去一次美发店。

不可思议的是，我的工作和私人生活都开始变得顺利了。

"像我这样的人怎么能做到呢？"曾是我的口头禅，曾经的我就是如此妄自菲薄。而后来我的人生变得越来越顺利，我想是因为头发带来的改变让我越来越自信。

尽管我毫无相关经验就开始从事文字工作，但还是有贵人连续不断地给我介绍此类工作。甚至后来我开始在杂志上开设专栏，在全国各地演讲，最后还得以担任总编辑一职。这一切都要归功于那天因为发型我被称赞"真可爱"，也正因为这句称赞让我变得自信了。

我虽然举了个自己的例子，但其实几乎每周都有读者告诉我发生在她们身上的类似的故事。

头发，与脸无关，但也属于能被称赞的长相的一部分。而且头发占的分数高（100分中占了50分），在头发上得分多，整体形象得分也会被拉高。越是对脸蛋没有自信的人，越能通过改变头发来改变人生。

要点

◎ 脸长得差也能靠头发得到夸赞，也能以头发为契机改变人生

✗ 脸长得差，一辈子都是丑女

20厘米的发尾，不如1厘米的刘海

※ 脸部表现的关键在于刘海造型

最影响脸部表现的是脸部周围的头发。**其中最重要的是刘海**。

以前，我有位朋友，为了跳草裙舞，她一直留着一头长发，但某一次她突然下定决心一口气把头发剪掉了将近20厘米，同时，把刘海也修短了1厘米左右。

第二天，当她来到公司，许多同事看到她之后说："总觉得你变得不一样了……啊，你剪了刘海！"大家的反应让她哭笑不得，自己咬着牙剪掉20厘米长的发尾没有人注意，仅仅修了1厘米的刘海却引起了普遍关注。

这种情况其实很常见。**刘海或者脸蛋周围的头发，只是些许变化都会引人注意**，而发梢改变再大，也很少被人发现。如果对方是男性就更不用说了。

还有一个例子。

有人曾向100名造型师展示同一位模特不同发型的2张照片，进行了一个名为"你觉得哪里不一样"的试验。

一开始使用的两张照片不同之处在于模特卷发的样式，一张是将发尾纵向烫卷的"I字型轮廓卷发"，另一张则是横向烫卷的"A字型轮廓卷发"。把照片向所有造型师展示，然后问他们谁知道两张照片的差别。结果七八秒之后，才开始有人举手示意自己知道答案。

然后再提供2张照片，区别在于模特的刘海，一张是四六分的刘海，一张是三七分的刘海。结果在拿出照片的瞬间，所有人都举起了手回答："刘海的分界线不一样。"

大家看，就连专业的造型师，都无法马上发现发尾的不同（明明连发型轮廓都完全不同！），但却对刘海的细微差别更敏感。外行就更不用提了。

所以，**如果你想让别人发现发型上的改变，那就先改变刘海吧**。即使不剪头发，只是改变刘海的分界线，呈现的形象、气质也会有很大的改变。

※ 露出较大的那只眼睛，双眼都显大

想让眼睛看起来更大，也可以使用改变刘海分界线的方法。人的两只眼睛往往大小不一样，**我建议大家利用刘海分边，将较大的那只眼睛露出来**。

譬如右眼大的话，就把刘海往左边梳，把右眼露出来，用刘海将左眼稍稍遮挡一下。这样一来，右眼更引人注意，会使得双眼都给人留下比较大的印象。

我的朋友也尝试了将刘海偏分露出较大眼睛的方法，并拍照上传到了自己的社交账号，结果立刻吸引了大量点赞，大家还纷纷留言“太美了”“变得比以前更美了”。虽然没人提到刘海分界线的变化，但大家的反应就说明了刘海确实能改变脸给别人的印象。

平时刘海中分的人，请大胆尝试二八分或一九分的大偏分刘海，这样可以改变中规中矩、老老实实的刻板印象，增添女性魅力。穿和服的女人往往看起来更有女人味，就是因为身着和服时通常会梳大偏分的刘海。大家不妨在日常生活中也来试试。

平时留齐刘海的人，只要稍微吹一下刘海的发梢，使之变成偏向一边的斜刘海，整个人给人的感觉便会截然不同。平时刘海四六分的人，将刘海变成三七分，也会带给人不同的印象。刘海的影响力就是如此之大。

各位读者，有时间的时候，请对着镜子试试不同的刘海造型，一定能发现一个全新的自己。

要点

× 发型给人的印象取决于『头发长度』

◎ 发型给人的印象取决于『刘海』

把头发当成记忆枕吧

即使卸了妆，脱了内衣，全身光溜溜的，头发也是1天24小时，1年365天和我们在一起。

头发，就像是不能被卸掉的化妆品。
头发，就像是一辈子都不能脱掉的衣服。

只要照镜子，就会看到头发。即使不喜欢，我们也必须每天面对我们的头发。

"今天头发怎么也弄不好，真烦人！"如果一大早就抱着这样的想法踏出家门，那一整天都会情绪低落，没有自信，不想跟别人说话，头也抬不起来，甚至会想："今天千万不要让我碰见喜欢的那个人。"

没有打理好的头发就像是被勾丝的丝袜，会让人产生"真想立刻把它脱下来""千万不要被任何人看到"的想法，这是相当令人困扰的。一年里碰上几次这样的情况，就有可能会错失好多重要的邂逅和机会。

※ 保持一种发型也无妨

那么怎样才能不用每天都为打理头发倍感压力，拥有一头让人心情愉悦的头发呢？

答案只有一个。**那就是找到一个无论何时都让自己自信满满的"固定发型"**。只要找到一个就足够了。

很多人都认为"做不同造型的头发比较好"，但这是一种误解。老实说，不会给头发做各种造型真的没关系。

确实，能够配合时间、场合，打造不同的发型，营造不同气质的女性真的很有魅力。但是能做到这样的只有少部分特别细心的女性，毕竟每天打造不同造型既耗时又麻烦（至少我就办不到）。

所以说，如果不是非常喜欢打理头发且以此为乐，那么只要找到一个"真正适合自己的发型"就足够了。每次只需要按同一个模式打理出固定发型即可,不用担心会出错,每天都会轻松自在,感觉很棒。

首先,请摆脱"头发就是要经常做造型"的执念,告诉自己:**"头发就像记忆枕,每天都保持原样就行。"**一以贯之没什么不好。

✳ 能找到一个陪自己一辈子的发型是福气

许多欧美女性都拥有自己的"发型处方",她们会跟美发店沟通好剪发的方式、染发剂的调制方法(就像医院开的处方一样),并把这个"处方"保管起来。

哪怕搬家或是换美发店,只要把自己的"发型处方"交给发型师,就可以做出同样的发型。因为她们的文化认为,一个发型若能让自己看起来有魅力,就值得长久保持。

比如掌握全球最前沿时尚的 *VOGUE*(《服饰与美容》)杂志美国版总编辑、电影 *The Devil Wears Prada*(《穿普拉达的女王》）原型安娜·温图尔（Anna Wintour），她从**14岁开始，便留着一头造型从没变过的波波头**。她只会进行微调，但从不做大幅改变。想必是因为她知道，那是最适合自己且能够搭配各种衣服的发型。

当然，这里并不是叫各位读者都用同一个发型过一辈子。但是如果你对现在的发型不满意，那么就从找到一种让自己满意的发型开始做起吧。

关于如何找到并打造自己第一个"对的发型"，将在第二章中详细说明。

◎ 找一个合适的发型就好

✕ 头发就是要做各种造型

迷人的头发由 3 个要素构成

前面一直在向各位强调"头发很重要",我这里所说的头发,其实包含3个要素:

一是日常造型——每天早上打理头发的方式。
二是发型设计——去美发店选择发色,设计发型。
三是头发护理——每天对头发进行护理和保养。

这3项中任意一项改变,都会改变头发给人的印象。

下面我将对这几项内容进行详细说明。

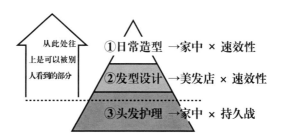

从此处往上是可以被别人看到的部分

①日常造型 →家中 × 速效性

②发型设计 →美发店 × 速效性

③头发护理 →家中 × 持久战

日常造型是每天早上打理头发的方式。比如梳理刚睡醒时乱糟糟的头发，用吹风机吹简单的造型，有些人还会使用卷发棒卷头发，或者涂抹发胶等，这些都属于日常造型。

日常造型与外貌给人的印象关系最大。不同的打理头发的方式，会营造出大相径庭的脸部印象。

发型设计是去美发店，通过剪发、烫染等，改变头发的颜色和样式。虽然光靠造型整理就可以改变人的气质，**但如果想要更根本地改变自己、改变生活的话，发型设计就很重要。**

选择合适的美发店，有效地表达自己想要的发型样式，能让我们更容易拥有适合自己的理想发型。在第二章我将会对这些进行详细说明。

至于头发护理，则是让头皮和头发保持良好状态的行为。在美发店做的头发护理、头皮按摩等都属于此类，每天在家洗头、护发也都属于头发护理。

当说到头发很重要时，很多人都会想到第三个要素，也就是头发护理，**头发护理是"持久战"，是获得一头迷人秀**

发的"根基"。

头发护理无法在一天之内就让头发产生肉眼可见的变化，就如同健康饮食无法立刻让身体变得健康一样，我们需要耐心等待，才能看到正确的头发护理带来的成效。头发护理虽然不能迅速改变头发的外观，但可以通过由内而外的保养，使头发呈现的状态逐渐不同。

❋ 具有速效性的是日常造型和发型设计

在3个阶段的"金字塔"里面，能让人一眼看到的是日常造型和发型设计，以及部分的头发护理成果。

譬如，让人感叹"漂亮"的头发，多数时候归功于日常造型，不过头发护理也或多或少有些影响。

近年来，日本国内护发剂的销售额大幅度增长，相反，人们去美发店的次数和造型产品的销售额则稍有下降。特别是与亚洲其他国家相比，日本人去美发店的次数显得特别少。这可以说是日本女性的一大特征。

武断一点讲，这种现象说明人们大多更注重头发护理，却对头发的形状、颜色不够在意。

但是，可以立刻改变外在形象、改变给别人的印象的，其实是日常造型和发型设计。

护理当然很重要，但请别仅仅仰赖护理，也要多注意能在外形上给人留下印象的造型整理。

要点

◎ ✕ 护发最重要

头发护理是『根基』，造型整理让你闪亮动人

女性的知性美来自后脑勺

泷川克里斯汀、安藤优子、小谷真生子等，都是知性美女主播的代名词，他们都有一个共同特征，那就是她们后脑勺的头发都十分丰盈且有分量。

女性知性美来自后脑勺。

✳ 新闻主播将后脑勺头发加高的原因

与欧美人相比，日本人后脑部大多比较扁平，所以如果通过改变后脑部位的发量和发型，使后脑看起来更高的话，就会更接近欧美人的骨骼形状，让人看起来更特别。

说得更明确一点的话，就是让后脑勺有分量的发型会让**女性显得更"知性"、更"高贵"，还会产生一种让人不敢马虎对待的气场。**

新闻主播们（包括新闻界的女性记者）都对这点心知肚

明，所以个个都将后脑勺的头发加高，甚至到了令人怀疑"有必要加到这么高吗？"的地步。

相反，想要营造亲和力、想要让搞笑艺人都敢对自己随意开玩笑的综艺界女主持人，就不会把后脑的头发加到那么高。

所以说，新闻主播和女主持们都很擅长用头发改变自己带给别人的印象，后脑的造型比彩妆更一目了然，更能表达女性的"立场"和诠释她们给人的印象。

美国不像日本，他们完全没有"觉得年轻、稚气的小女生很可爱"的文化。所以**在美国想要受欢迎，除了将后脑勺加高之外别无选择**。

近来，有一种叫"美容吧"的简易美容柜台在洛杉矶很受欢迎，就是在一张简易的吧台式长桌前为顾客提供头发造型服务，来这里的女性几乎都要求做后脑勺有分量感的发型。在美国人的观念中，独立的女性才是性感、有魅力的，所以后脑勺非得有分量不可。

酒店和家里的镜子一般是三面式，这也是欧美的一大特色。这就是为了便于检查侧脸和后脑勺，与只在意正面的日本人对比鲜明。

✳ 升迁和被信赖都取决于后脑？

过去在某航空公司负责高级会员的经理曾对我说："被顾客投诉的空乘人员，大多是对头发不够重视的人，因为没有增加后脑勺头发的高度，无论她们怎么学习待客之道，都还是容易惹上麻烦。"

据她所说，**后脑勺头发的高度不够和发量不足的空乘人员更容易被乘客轻视，也更容易遭到投诉。**

反之，对后脑勺头发进行加高的空乘，会让人觉得"不能随意对她们大呼小叫"，乘客反而会有所克制，从而不容易发生纠纷。

事实上，这位负责高级会员的经理本人，就总是完美地打理自己后脑勺的头发，让后脑勺的头发丰盈而有分量。因此，她总有一种高雅、端庄的气质，令女性憧憬，令男性尊敬。

"增加后脑勺头发的高度与分量，会让人显得知性有气质"，发型师们也深谙此理。因此他们总会建议社会地位高或拥有众多下属的女性顾客，做让后脑勺看起来更有分量的造型。

我也经常听说，一些一直烦恼于怎么都无法出人头地、得不到同事信赖的女性顾客，在听了发型师的建议，改成增加后脑勺高度的发型后，马上就获得了升迁。

虽然升迁不是由发型决定的，但后脑勺呈现的形象，就是能如此强烈地影响女性给人的印象。

让后脑勺头发变得有分量的方法非常多。

接下来这个简单的方法在家就能做到：用电热卷发筒或魔术卷发筒，让发根部位蓬松起来。我们平时绑马尾辫的地方，就是要制造分量感的地方，可以将卷发筒卷在从下巴到耳根的延长线上。

把后脑勺的头发剪出一定层次，也能制造出分量感。因此可以向美发店咨询该怎么做会比较好。此外，大家也可以把后脑勺头发烫卷，以增加分量感。

要点

× 气质来自『说话方式』

◎ 气质来自『后脑勺的头发』

所谓漂亮的头发，就是有光泽的头发

❋ 头发有光泽带来美丽

满脸皱纹但头发有光泽的人，比皮肤细腻但头发毛糙的人，看上去要年轻、漂亮。

有光泽的头发是年轻和健康美的象征。头发有光泽，使人看上去既文雅又清洁，很容易受到异性青睐。头发有光泽的人，不仅看起来更漂亮、更整洁，还能给人"保养有方"的印象。

那么，这里所说的光泽到底是指什么呢？

弹润、水嫩、有光泽……

形容年轻的词汇往往与水有关。或许是因为这个原因，当"头发渐渐失去光泽"时，很多女性会觉得这是头发在老化，然后就开始积极"保湿"。确实，随着年龄的增长，头发会逐渐老化，比起健康的头发，其含水量会减少5% 左右。

但是，用显微镜看，头发"含水量"与"外观的光泽感"却并不呈正比。实际上，有些人的头发明明含水量很高，但却没有光泽，而有的人头发含水量并不高，却看上去富有光泽。

原因在于，**头发的光泽其实和"折射率"有关**。

当光线照射到凹凸不平的表面时，会发生漫反射，因而看不出光泽。

但当光线照在平滑的表面时，容易发生镜面反射，所以我们会看到光泽。

拍摄洗发水广告的模特，一般都留着一头直发，灯光打

在头发上，头顶还会形成一圈如天使光环般的反射。那其实是因为她们知道头发表面越平顺，看起来就越有光泽，从而刻意打造出的效果。比起头发实际含水量的多寡，折射率对外观的影响更大。

❋ 立刻让头发有光泽

没有人会用显微镜去看你的头发，因此我们只需要做到让头发看起来比实际上有光泽即可。想要达到这个目的，只需要抚平头发表面的毛糙。此事无关发质。

想要头发表面平顺，就需要进行"热处理"。想要抚平毛糙，让头发的毛鳞片平滑，可以利用吹风机或者电热夹板的热度。

很多人可能会一边用卷发梳，一边吹头发，但是比较简单的方法是直接用电卷发棒。有一位发型师曾说过："如果想一边用卷发梳，一边吹头发，那需要三只手，一手拿着吹风机，一手拿着梳子，还有一只手来拨弄头发。所以，自己吹整头发是非常难的。"

但电卷发棒或者电夹板用两只手就可以轻松驾驭。觉得这些工具使用起来很难的人，**不妨把它们当作用来抚平毛糙头发的工具，而并非用它们来卷头发**。使用时别将温度调得太高，设在160℃左右即可，这个温度比较不会伤害头发。如果事先抹上毛鳞片修复乳，会更添光泽感。

光是"抚平表面的毛糙"这个操作，就可以让头发表面有光泽了。头发有了光泽，就能遮盖脸上的皱纹和粗糙的皮肤。这就是大家所说的"光泽感"的真相。

但是，这个方法毕竟只是暂时解决问题，而不是根本的解决之道。想要获得真正水分充足、光泽亮丽的年轻秀发，每天的头发保养、护理必不可少。

要点

◎ 光泽源于『平滑的头发表面』

× 光泽来自『水分充足』

光泽并非一切

读到这里，也许有些读者会产生疑问：那烫卷和自然卷的人（也许还有人正在犹豫要不要去烫卷发）怎么办呢？

确实，不管是烫卷还是自然卷，都不容易显出光泽。

经常有人说，"烫了头发之后，感觉发质变差了。""感觉头发没有光泽了。"其实不是因为烫发使发质变差，而是因为烫发后头发呈曲线状，不容易发生光线的镜面反射，因而不容易看到光泽。

❋ 烫发也有优势

那么，是否因为缺乏光泽，就完全不能选择卷发了呢？

我完全不这么认为。

因为卷发也有着直发造型无法发挥的优势。

那就是"轻盈"和"柔软"。

比起直发，卷发看起来更轻柔。

这是因为卷发发丝之间"间隙"更大。空气进入"间隙"中，会形成一种"浮游感"，让头发看起来很轻盈。就像棉花糖的感觉，这样大家应该比较容易理解。含有大量空气的头发，会显得特别轻柔。

我们曾在时尚杂志上进行过问卷调查，结果表明：同样的发量，比起直发，卷发看起来更柔软、轻巧。

女性的头脑中已经被灌输了"头发光泽很重要"的观念。广告中也经常出现这一类的台词，所以我们才会坚持"光泽至上"。

但是，轻盈、柔软的头发，有着让人忍不住想要触碰的魅力。轻盈、柔软的头发，会使人散发出娇俏甜美的气质，让人想要将手指从发丝中滑过。

其实，可以看看那些经常出现在"喜欢的发型排行榜"上的女明星，**前几名的那几位，总会留着动感十足的发型，比起"光泽"来，她们更重视"轻盈"和"柔软"。**

在这样的问卷调查中，上榜10年以上的女明星江原由希子和梨花就是如此。她们的头发都不是胜在光泽度，而是因为轻盈和柔软让人印象深刻。

大多数女性本能地觉得"可爱""好喜欢""想模仿"的发型，实际上不只是带有光泽的发型。"光泽"只是选择发型时的判断标准之一。

想要莹润光泽的人，就选择能散发光泽的发型；想要轻盈、柔软的人，就选择能体现轻柔动感的发型。两者并没有高下之分。所以请大家自由地选择自己喜欢的那一种。

但是，我并不建议大家折中，想要光泽就把目标锁定为光泽，想要轻盈、柔软就把目标锁定为轻盈、柔软，这样做才是上上策。

5 秒改变身材比例的"小头"魔法

现在大家都推崇小脸。但和小脸一样重要，同时比小脸更容易实现的是"小头"。

正如"九头身模特体型"等说法，当我们形容身材的完美比例时，会用头来做标尺。

当然，头的尺寸是天生的，但只要稍微改变头发的形状，就能实现"小头"的效果。

❋ "菱形"轮廓能打造出"小头"效果

那么，**能让人看起来头小、比例佳的是什么发型呢？那就是"菱形"的发型。**

更详细地说，就是——

①头顶较高；②头顶左右的头发不会蓬起来；③耳朵两

侧的头发有分量；④耳朵两侧以下的头发宽度逐渐变窄。

这就是任何人照做，都能让自己看起来比例变好的"菱形法则"。

做到上面提到的①和③特别重要。而且，①和③只要一眨眼的功夫就能做到，所以各位务必要学起来。

首先，要在头顶制造高度，重要的是不要在头顶留出明显的分界线。分界线又直又明显，那个地方看起来一定是凹陷下去的。这样一来，就会使本应该成为菱形顶点的地方，看起来凹下去一块，无法制造完美的菱形。

因此最好让分界线变模糊。具体的做法是，**用手指将分界线左右各1厘米的头发捏高**。这样一来，分界线就会被隐藏，顶点的高度就会增加。从前往后，捏3个地方就足够了。**5秒钟之内就能改变你给别人的印象**。

更好的方法是早上梳头时，分好头发后，将分界线左右两边的少量头发移到对侧。只做3~4个地方，分界线就会被隐藏起来，头发就会显得丰盈有分量。

很多地方介绍了把分界线弄成"Z"字形的方法，比起"Z"字形分界线，这种方法能让头发看起来更自然不做作。

这种方法不仅适用于想让头显得小的人，也可以推荐给被发量少困扰的人。

接着，是如何在耳朵两侧制造出分量感，这里有个小妙招。

发型书上经常能看到耳朵两侧头发丰盈饱满的发型，很多人常认为这是烫发的效果，但事实上，这只是将两侧的头发勾在了耳后。

可能你会问："为什么我们并没有看到耳朵露出来呢？"是的，要点就是不能露出耳朵。

先将内侧的头发勾在耳后，在耳后制造蓬松感，再用外侧头发盖住耳朵。这就是发型书中使用的方法。

近来，很多场合都会碰到要拍摄合照，上传到社交网络上的事。这时，请花5秒钟做两件事：

一是捏一捏分界线两边的头发。

二是将耳朵旁内侧的头发勾在耳后。

你会发现照片中的你变得截然不同！

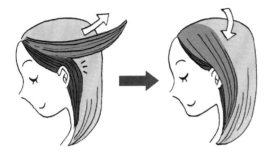

要点

× 拍照要梳一梳头发

◎ 拍照要捏一捏分界线两边的头发

比减重 3 千克更显瘦的阴影制造法

如果能掌握脸上的阴影，就能掌握"自己在别人眼中的体重"。"自己在别人眼中的体重"会因为发型不同而改变。想要看起来瘦3千克左右的话，其实不需要真的减肥，只要巧妙地打理脸周围的头发就能达到显瘦的效果。

※ 明明是减肥跟踪记录，却靠头发才显瘦

前面提到过，在从事时尚杂志相关的工作后，亲眼看到了许多事例，让我了解到：原来，对于女性而言，最重要的不是衣服，不是化妆，而是头发！

刚到拍摄现场，看起来很一般的人，只要稍微吹一下头发，卷一卷发尾，就会像换了个人似的变得可爱起来。这样的事情司空见惯。

最令我印象深刻的，是对一个体重超过60千克的读者进行的，为期半年的减肥跟踪记录。我们会定期拍照，在杂志上展示她的减肥过程。

在进行某个月的拍摄时，这位读者在两个月内已经减重3千克，我们请她穿上T恤和短裤拍摄对比照。但是，将这次的照片和两个月前的照片放在一起时，完全看不出她有任何改变。这让我们感到十分为难。如果靠修图来突出对比，那就形同作弊。我们当然不会这样做。

正当我们绞尽脑汁地想着该怎么办时，发型师动作熟稔地拨弄了一下她的刘海，稍稍改变了一下她的刘海分界线。结果你猜怎么样？就这样简单弄了一下，她看起来突然就变得纤细了。

我十分惊讶："**比起实际减重3千克，改变刘海的分界线，竟然能更明显地改变一个人的外观！**"

当时，我觉得自己好像看了一场魔术表演，但现在回想起来，个中缘由其实十分清楚。

发型师将原本中分的刘海改成了四六分，并在露出的额头上，用刘海制造了一点阴影。

想要显瘦，只需要打上较深的颜色，制造出阴影即可，这是化妆上的常识。**现在，这种"阴影效果"通过刘海显现出来了。**

长度接近眼睛的刘海，能够使脸部面积看起来变小，圆脸会变得像瓜子脸，再加上刘海的影子落在脸上营造出的立体感，会让人显得更瘦。

❋ 用"侧刘海"遮盖颧骨就能显瘦

除了刘海以外，还有一处头发也是显瘦的重要角色，我们称之为"侧刘海"。

"侧刘海"是指脸蛋两侧，盖住颧骨的头发。

我们脸的最宽之处就是两侧颧骨之间。如果用头发遮住颧骨与耳朵之间的地方，就会瞬间让脸显得瘦长。

几乎所有留着齐刘海的偶像明星，都会留两撮"侧刘海"遮盖颧骨。这样不仅可以对脸部有所遮挡，还会在脸上制造出显瘦的阴影。女子偶像团体AKB48的成员渡边麻友和指原

莉乃小姐都留着令人印象深刻的侧刘海，女子团体桃色幸运草Z的4名成员也都用侧刘海遮着颧骨。

　　头发绑起来的时候，侧刘海还是会留在脸颊旁，在脸颊上落下影子，制造出小脸的效果。

　　各位不妨也试着用刘海和侧刘海来制造阴影，使自己轻轻松松地显瘦3千克。

要点

◎　×

辛苦地减肥

轻松地利用头发让自己显瘦

打造女生才能拥有的蓬松感

※ 发质的烦恼可以用造型来修饰

各地的发型师聚在一起聊天时，最容易引起共鸣的话题，就是日本人的发质随着地域不同而有显著差异。

比如，和熊本、宫崎、鹿儿岛、冲绳的发型师聊天时，常听他们说："头发多、发质硬、头发微卷而难做造型的人很多。"当地很多人为自然卷而烦恼，所以做离子烫的人比例很高。据说因为发丝粗、发质硬，所以上色也不容易。这都是这些地方的人的特征。

和东京的发型师们聊天时，则会听到他们说："近年来，发质细软的人多起来了。"不知是饮食变化还是水质变化的原因。

不过确实，读者问卷调查的结果也显示，位列第一的头发引发的烦恼，已经从"又多又硬"变成了"柔软扁塌"。

我们的杂志找来做发型栏目模特的人，基本上都不是专业模特，而是普通读者。她们当中为发质烦恼的人也很多。其中发量少、发质柔软也是她们中大多数人的烦恼。

但从她们为杂志拍摄的照片来看，一般不会让人觉得："哇，头发看起来好像很少。"

这是因为，**在绝大部分情况下，都可以靠造型整理来制造出头发的蓬松感。**这里就教大家如何来做。

※ 制造头发分量感的造型与吹发方法

打造一头蓬松秀发的关键，在于制造"空气感"。

所谓"空气感"，是指头发仿佛充满空气般轻盈柔软的感觉。很多人往往以为要制造空气感，就是在吹头发时，将吹风机从下往上吹。

但这样做只会吹出一头乱发。

制造空气感，不是去纠缠内层的头发，而是要把最外层的头发打造出"浮游感"。

用手指捻起一缕最外层的发丝，喷上少量的定型喷雾，或者将发蜡在手上搓匀，再像揉纸团一样抓起表层的头发并将其往上提，这样就能制造出自然的空气感。有空气感的头发看起来轻柔、蓬松，就像棉花糖一般。

另外，吹头发的时候也有一个关键点。那就是如果想要制造头发的分量感，就把头发往与原本生长方向相反的那边吹，这样就能让发根立起来，使头发更容易显现出轻柔的分量感。

不仅如此，选择合适的发色也能制造出蓬松感。

如果现在的头发没有立体感，没有层次，看上去扁扁塌塌的话，那么建议尝试浅色挑染（染比底色浅的颜色）和深色挑染（染比底色深的颜色），让头发上出现细束状的不同发色。

这就像化妆时打高光和打阴影一样，当头发上分出了浅色和深色的时候，头发会显得更立体有型。这实际上是很多发量少的女演员和模特们常用的修饰方法。

　　"蓬松"是女性专属的特权。拥有一头蓬松的头发，会让人更想触摸与亲近。

　　所以，拥有带蓬松感的发型会更受欢迎。

　　请打造一头蓬松的秀发，让自己更受宠爱吧。

要点

◎ 无论何种发质，都能制造出分量感

✕ 因为发质柔软，所以放弃打造分量感

你的美丽是前一天打造的

※ 早上花时间，不如晚上花时间

如果你认为早上是打理头发的重要时刻，那就错了。

当天头发美丽与否，取决于前一天晚上的努力。

在早上花时间拼命吹头发的人，请将这件事挪到晚上做。

养成在晚上洗完头后，就立刻吹干头发，将卷翘的部分整理好之后再去睡觉的习惯。如此一来，早上来到镜子前，就几乎什么都不用做。

洗完头发后没吹干的湿头发处于非常不稳定的状态。此时头发的毛鳞片是张开的，一点点摩擦都会使头发受损。头发没有吹干就去睡觉，不仅会使头发受损，还容易造成不必要的卷翘。所以请将头发完全吹干之后再就寝，不要带着半干的头发去睡觉。

我们经常听到"完全吹干会伤害头发"的说法，但其实不吹干头发就睡觉对头发伤害更大。

擦干头发时，不可以用毛巾在头发上使劲擦拭，用毛巾将头发包住轻轻按压吸干水分即可。

如果想让头发更加平顺，可以在吹干头发之前，将保湿发油或发乳涂在头发中段至末梢的地方（不要抹在发根处），然后再吹干。这样，第二天的头发就会顺滑得能在指缝间流泻。

❋ 如同赏玩一般地吹头发

在吹干或擦干头发的时候，请想象头发上的毛鳞片排列整齐、平滑、完整的样子。**最关键的就是，不要逆着毛鳞片生长的方向打理头发。**

如果一边吹头发，一边想"现在，我正在整理毛鳞片"，就能更加谨慎地不给头发带来负担。

发量多和头发长的人，要从内侧开始，慢慢往表面移动，逐渐把头发吹干。头发内侧半干不湿的话，不仅会散发出令人讨厌的味道，也很容易卷翘。

如果在吹干内侧头发时，觉得表面的头发有些碍事，可以准备一些"鸭嘴夹"，将表面的头发暂时固定住。当然也可以用其他夹子代替。

我曾在健身房的洗澡间看到过一个脸和身材都十分出众，简直让人眼冒爱心的女生，但她在化妆间吹头发时，竟然是从下往上使劲吹，简直把我吓了一跳。

果然，等她吹好，头发已经变得毛躁、没有光泽了。真是白白浪费了她那完美的身材和撩人的风情。

不仅如此，因为毛鳞片外翻导致头发毛躁的人，会给人粗枝大叶、不注重人际关系的印象。不管妆容多么完美，都只会让人感觉散漫、邋遢，无论工作还是爱情，都可能会受到影响。

请务必顺着毛鳞片生长的方向，用赏玩的心态吹头发。

做到这一点之后再就寝，第二天就能大幅缩短为头发造型的时间。

给头发"换季"能大大提升时尚感

最近，一位著名的时尚设计师说了这样一段话："能够根据季节的变换，搭配不同色系与材质的衣服的女性，真的很时尚。春天就选择粉色系和雪纺材质，夏天穿海蓝色和麻纱材质，秋天的话选择波尔多红色和绒面革材质，冬天则穿棕色和皮毛材质。**但是，比这更时尚的是，能够配合季节变换不同的发色与发型。**"

我举双手赞成。

头发应该分为有春夏感和有秋冬感的头发。建议大家在给衣服换季的时候，也为头发"换季"。

听起来好像很高深，其实做起来很简单。

春夏时分，选择轻盈、清爽的发色和发型。发色比平时稍浅一些即可。

这样搭配材质轻薄的衣服就会十分协调。推荐米色、灰棕色、亚麻色等不带红色的冷色系。不妨在樱花盛开之前换色。

发型方面，可以做出层次，制造轻薄感，或剪有空隙的刘海，制造通透感，这样看起来就非常清爽。

秋冬时节，选择沉稳、高雅的发色和发型。头发常在夏天被紫外线伤害，这时只要染上深一点的颜色，就能让头发展现出深沉的光泽。另外，将有层次的发尾剪齐，制造出厚重感，就能展现出与秋冬衣物相得益彰的季节感。

能配合季节对发型进行微调的人，会散发出一种时尚感，看起来特别时髦。

要点

◎ 头发也需要换季

✕ 只有衣服需要换季

梅雨季节是考验实力的时候

如果春秋时分需要更换发色和发型，那么梅雨季节就需要改变打理头发的方式。

梅雨季节头发容易乱翘，变得毛糙、不垂顺，做了卷发之后，也很容易失去卷度……因此有人一到这个季节，就会把头发全部扎在脑后。

其实有方法可以帮大家轻松度过梅雨季节，只要稍微改变一下打理头发的方法即可。

在干燥的日子里，早上吹好的头发几乎一整天都不会变形。但在湿度高的梅雨季节，水分会不断在头发中进进出出，导致头发毛糙、不垂顺或失去卷度。

为了防止这种情况发生，就要阻止水分的进出。具体而言，就是在头发表面涂抹油脂。可以想象成用油脂把头发盖住，使水分无法自由进出。

　　所谓油脂是指精油、护发素（包含免洗护发素）、发蜡等。

　　只要是手边有的产品都可以。在吹头发之前，趁着头发还保有适度水分的时候，抹上（比如说）精油，然后再抹上含有油分的定型剂。这样，头发就不容易受到潮湿空气中水分的影响。

　　因为干燥的头发更容易受水分影响，所以建议各位可以在梅雨季节，去美发店做头发保养。**梅雨季节做头发保养，会比其他时期做保养高出3倍左右的价值哟！**

◎　✕

梅雨季节，用油脂盖住头发，就能像平时一样打扮得漂亮有型

梅雨季节无法好好打扮

第二章

❈

头发体现人格

一般而言，看到留着像男孩子一样短发的女性，人们不会认为她是一个"消极、保守的人"。

　　如果看到披着一头华丽卷发的女性，也不会有人觉得她是一个"稚气未脱的人"。

　　找工作的时候，大家一般留一头黑发，就是为了表现自己是一个"认真的、不吊儿郎当的人"。

　　总之，**人们会因为头发，对眼前的人产生先入为主的印象。**

　　据说漫画家在设定书中角色时，多数人会从发型和发色入手。他们说："设定好头发后，人物的性格也就明确了，角色会自动'行动'起来。设定好了头发，就能够想象他会用什么样的口吻，说出什么样的台词。"

从前面的这些例子可以看出，我们会下意识地认为：留着某种头发的人，就是某种类型的人。

所以，想要变成"自己希望别人看到的样子"，最快的方法就是改变头发。头发改变了，其他一切都会随之改变。

这一章，我来向大家介绍，做出能改变人生状态的发型的方法。

下定决心，停止寻找"让自己最好看的发型"

※ 头发造型的青鸟症候群

很多女性都说："我想知道我留起来最好看的是哪种发型。"

虽然有可能被误解，但我敢大胆地说："**这个世界上找不到任何一种发型，能让人断言'这就是你留起来最好看的发型！'**"

之所以这么说，是因为**每个人都可以拥有十几种、二十几种，甚至上百种留起来很好看的发型**。

比如，适合某人的发型有很多，短发可能有十几种，波波头可能有十几种，中长发可能有十几种，长发又有十几种……也就是说，一个人留起来好看的发型多不胜数。

没有绝对的"留短发不好看"，只有"哪些短发造型留起来好看，哪些短发造型留起来不好看"。因为任何长度的头发，都能找到适合的造型。

如果一直怀着"绝对有一种我留起来最完美、最好看的发型"的想法，那么就算遇到了很合适的发型，也会忍不住想："这真的是最棒的发型吗？""虽然还不错，但一定还有更好的发型吧？"于是，永远都不会给自己的头发造型打满分。

我将这种现象称为**"发型的青鸟症候群"**。就像童话故事《青鸟》的主角不停地寻找并不存在的青鸟一样，一旦踏上"寻找最好看的发型"之旅，大多数的女性都会迷失在"旅途"中。

❋ 好看的未必就是好的

并非好看的发型就一定是好的。

确实，每个人都有留起来更好看的发型，但**发型好看是否真的能为一个人带来幸福？那又是另一回事了。**

前段时间，我见了一位从事企业咨询的女性好友。她已经40岁了，外表看起来却非常年轻，就像35岁不到的样子。每当人们听到她的真实年龄时，都会大吃一惊。她有一双圆溜溜的大眼睛，看上去十分可爱，讨人喜欢。

第二次见到她的时候，她不好意思地按着刘海说："昨天被发型师剪坏了……"

据说是她对发型师说："请帮我剪得好看一点。"结果，发型师二话不说就把原本长长的刘海，剪到了眼睛以上。

老实说，这个发型很适合她。这样的发型突出了她美丽的大眼睛，还让她增添了一分娇艳。如果我是她的发型师，也许也会建议她剪这样的刘海。

但是，她的工作是和大企业的董事长们打交道。她说，看起来太年轻的话，反而会给她造成困扰，她希望能有符合她年龄的稳重感。那瞬间，我深深感到"**头发并非好看就好**"。

还有一位女性作家，五官端正，长相高冷，给人的感觉有点像日本女演员兼模特宫田由美子。

据说，前阵子有位知名时尚造型师对她说："您如果留中分且平整的刘海，就是那种会出现在时装秀上的前卫发型，会很好看喔。"稍微想象一下就会发现，她那冷冷的长相，确实很适合那样的发型。

但是她自己喜欢有女人味的服装，行为举止也非常温柔，而且她很怕别人觉得自己很严厉，所以说话时都会字斟句酌。如果真的顶着一头前卫的发型，不管再怎么好看，恐怕她都会觉得不自在吧。

所以，不要一味追求好看的发型。

如果不追求好看的发型，那我们该以什么为标准来决定自己的发型呢?

◎ 大约有百余种适合自己的发型

✕ 只有一种最适合自己的发型

"想拥有的头发" 远比"好看的头发" 重要

比起寻找"好看的头发"，更应该优先考虑的是"想拥有的头发"。

如果有某种头发令你憧憬，那就别用"但我的脸型和她的不一样""但我的发质很难办到"等理由当作犹豫的借口。请先告诉自己："我希望自己变成那样。"

※ 无视发型目录中的"适合发量、发质、脸型"

身为一名制作发型目录的人，说这种话实在于心不安，但模特造型照片旁列出的"适合发量、发质、脸型"等勾选项目，其实真的不用放在心上。

因为在我们发给发型师的调查问卷上，几乎所有的项目都被他们勾上了"适合"。但是，如果所有的发型都"适合所有发质"的话，列出勾选项目就没有意义了，所以我们只好把"更加适合的发质"勾选出来。

其实未被勾选的发质或脸型，往往也都是适合的。事实上，被勾选的项目只不过是"硬要说的话，感觉这些应该更加合适"的参考标准（我对不起大家）。所以，完全不用顾虑"我的发量太多，所以没有办法做这个造型"，也就是说别被那些勾选的项目所困扰。

❈ 有多少类型的人，就有多少种造型方式

还有一个不用在意发质和脸型的理由，而且是更重要的理由，那就是**有多少类型的人，就有多少种造型方式**。

大约在10年前，有段时间，时尚杂志上非常流行"模仿某明星的发型"的栏目。比方说，拿来一张菅野美穗的化妆品海报，然后请来10位读者，给她们打造和海报上一样的发型。

这些读者可能是圆脸、长脸、国字脸，可能头发比菅野美穗的长、比菅野美穗的短，可能发量比她多、比她少，可能是自然卷，等等。也就是说，杂志要为这些拥有形形色色发型、发质、发量的人，都打造出菅野美穗的发型。

有趣的是，所有人最后都做出了类似菅野美穗的发型。但

剪、烫、染的方式各不相同。圆脸的人为了做出菅野美穗的造型，就要增高头顶的头发；头发较短的人，就要在高一点的地方做出波浪。也就是说，当"素材"不同，但又要做出相同的发型时，用不同的方式来打理就行。

所以，**如果你拿着照片对发型师说"我想要这样的造型"，发型师不一定会用和做那个发型一模一样的方式来为你剪头发。**

发型师会先分辨你的发质，然后综合考虑你的骨骼、脸型、眼睛的位置、脖子的长度等因素，最后为你做一个整体上最接近的发型。

染发也是如此。因为每个人原本的发色和受损程度不同，所以就算使用了相同的药剂，最后头发呈现出来的颜色也可能会不一样。因此，对于同一个目标色，发型师会说："这个人的话，应该要用这种较浅的颜色。"他们会根据每个人的情况，使用不同的药剂。

说出来大家可能会觉得不可思议，那就是就连发型师们用来练习剪发的用真发制作的假发，用相同的方式剪，不同的产品也会剪出不同的发型。这是因为植在假发头皮上的发丝的发质、植发的方向（生长方向）都各自有细微的不同。

头发就是这么细腻的东西。只要头部不一样，处理的方式便要随之改变。

请让我重申一遍：**就算发质和脸型不同，也没有必要放弃自己想要的发型。**

事实上，留着你想拥有的发型的人，和你本人的脸型、发质本来就不一样，对发型师而言，这是"大前提"。不过，即使发型师告诉你很难剪出完全相同的发型，通常他们也会为你提出建议，告诉你怎样才能做出整体上比较接近的发型。

要点

◎ 针对不同的发质、脸型，采用不同的剪、烫、染方式即可

✕ 若没有同样的发质、脸型，就做不出同样的造型

选择想要的发型时，要从自己的目标倒推

※ 首先，明确"自己想要成为什么样的人"

选择发型时，请以"希望自己看起来像这种人""希望别人觉得我有这种性格"为最终目标，然后倒推出自己想要的发型。

也就是说，**比起确定发型，更重要的是先明确"自己想要成为的样子"。**

头发就是一个人的外在标记。不同头发的形状、颜色，会让人联想到不同的性格。所以先想想"自己想成为的那种人，大概会留什么样的头发"，然后再去做那样的头发，就能让一切更加顺利。

※ "能赚钱的发型"确实存在

比如，我有一位做婚礼策划的女性朋友，当她刚从大阪来到东京，准备开拓新的事业时，她首先去了美发店，对发

型师说：“请帮我剪一个‘很会赚钱’的头发。”

这种情况下，她的想法是成为“能赚钱的女性”。所以发型师也会以她的工作为重点，来思考头发的造型。

婚礼策划师需要与新郎、新娘进行充分沟通，以了解他们对婚礼的期望。所以婚礼策划师应该要给人带来安心感，让人一看就觉得这个人值得信赖。再者，也需要给人一种经验丰富的资历感，但若是太有女人味，就有可能令新娘反感。另外，这个工作需要与许多各行各业的人打交道，因此还需要有不会被人小瞧的精明、干练感。

最后，她在和发型师商量后，决定剪“前长后短的波波头”。她的长发就这样被干脆利落地剪掉了。剪发后的她，给人的印象就是一个成熟、高雅，没有丝毫孩子气的女强人。

实际上，自从她剪了这个发型后，就开始接二连三地接到工作。所以她真的成为了“自己想成为的样子”，也就是成了“能赚钱的女性”。

这就是从一开始就以“自己想成为的样子”，而不是“好看的发型”为目标决定造型，从而得以成功的例子。

❋ 能吸引恋爱对象的发型

曾经有一名30多岁的女性向我咨询如何选择发型。一开始她问我："我留什么发型才好看呢？"我反问她："你想要成为什么样的人呢？"这时她才告诉我，几年前她与男友分手后，就一直没有遇到喜欢的人。她还说，她其实就是想要一个能够交到男朋友的发型。

当时她留着黑色的中分直发，长及胸下，如仿佛可以一刀割断的光洁丝绸。这种发型会让男性觉得无隙可乘、无法随意攀谈。

因此，**我建议她换成多少有一点空气感的发型，这样才能表现出"我想要恋爱""我的心门是敞开的"**。

具体来讲，可以把头发染成略带棕色的颜色，把发尾烫成会轻轻摇曳的卷发，刘海则可以打理成三七分，能够蓬松地斜摆在脸旁的样子。

当她刻意打造出这种"能吸引恋爱对象的发型"时，出现了惊人的效果，据说，那个月里就有3名男性向她提出约会邀请。

这里举了两个"成为自己想要成为的人"的例子。但如果你想成为的是"某某的女友"，那么"你应该要有的发型"就应该是"某某偏爱的发型"。如果已经锁定了目标，就请做好功课，让自己更接近对方喜好的样子。如果发现对方喜欢短发，就干脆地剪成短发。正如前面提到的，暂时不用去管短发是否适合自己。就算你现在拥有一头迷人的长发，也绝对能找到一种既好看又适合你的短发。

要从自己的目标倒推过来考虑自己的发型。

工作能力强的女性，会留什么样的发型？

看起来很想谈恋爱的女性，会留什么样的发型？

如果是某某的女友，可能会留什么样的发型？

只要意识到这一点，就能大大提升成为"想成为的那种人"的概率。

要点

◎ 先想象一下『自己想成为什么样的人』

✕ 直接选择自己喜欢的发型

关注发型所具有的"性格"

前面向大家说明了，成功选择合适发型的秘诀：①想想自己想成为什么样的人；②思考想成为那样的人，应该留什么样的发型。

但是，也许有人知道自己想成为什么样的人，但却无法想象出应该留什么样的发型。

这种时候，大致上有两种方法可以参考：

①参考与自己想成为的人相似的前辈、艺人、漫画角色的发型；②写出自己想被别人用哪些话语赞美。

让我们首先从①开始说明。

❋ 选择"理想中的自己"很可能会留的发型

举例来说，假设你"理想中的自己"是"虽然已为人母，但还是会细心打理自己的可爱人妻"。那么你就可以找找看，你认识的人或者艺人中，有没有哪个人的生活形态很接近你的理想状态。

比如说，你觉得时尚杂志 *VERY*（译者注：日本流行的家庭主妇杂志）封面上的井川遥，很符合你的理想"人设"。那么就请你搜索井川遥的照片，确认她的发型。看杂志上的图片可以，直接上网搜索也行。你可以看到许多井川遥的照片，其中若有哪张照片令你怦然心动，那就不妨以这张照片里的发型为目标。

井川遥最近一直留着长及胸口的长发，没有刘海，但因为发色较浅，所以不会显得厚重。其特色是发尾部分打了层次，显得很轻薄。

但是，**我们普通读者并不需要具备这样的分析头发造型的能力**，这些发型师都会帮你做。你只需要拿着照片去告诉发型师，你想要这样的发型即可。发型师会提出建议，告诉你如何配合你的脸型和发质，做出那样的造型。

当你做出那样的发型之后，请你发挥想象，揣摩井川遥大概会有什么样的妆容、穿什么样的衣服，在哪一种场合，大概会以哪种方式说话。当你反复这样做的时候，你就会开始不断发生变化。

正确的顺序是从头发开始。**只要头发改变了，其他部分，比如妆容、服饰、说话方式、行为举止等，也会跟着慢慢改变，慢慢接近理想中的自己。**

※ 漫画角色的发型意外地值得参考

之前我就提到过，漫画角色的发型，会简单明了地表现出"这种发型看起来是这种性格"。

譬如，男人、女人都喜欢的女性，会留着蓬松的中长波波头，就像《棒球英豪》中的浅仓南、《灌篮高手》中的赤木晴子、《花样男子》中的牧野杉菜。这是一种标志性的发型，留这种发型就表示是任何人都不会讨厌的女生。

再譬如，给人活泼、充满朝气印象的角色，会留着像《城市猎人》里的槙村香一样的男孩风短发；性感大姐姐的角色，就会留着以《鲁邦三世》里的峰不二子为代表的，典型的波浪形长发；酷酷的女生，就会像《娜娜》中的大崎娜娜一样，留着线条整齐、前长后短的波波头；天真烂漫的女生，就会有着像《蜂蜜与四叶草》里的花本叶久美一样蓬松的自然卷；至于绝世美女，则会留着《海贼王》里的波雅·汉库克式的超长黑发。

看到以上这些例子，各位就会了解到"留什么发型就有什么性格"的观念已经固化到令人吃惊的地步。

正因为漫画角色总是个性分明，所以当漫画中有某个角色，正好就是你想要成为的形象，那么该角色的发型就是代表这种性格的发型，因此便十分具有参考价值。

要点

× 直接看发型目录决定发型

◎ 先想象理想中自己的样子，再决定发型

这是最后的自我探索：收集"赞美词汇"

※ 用"语言"找到理想的自己

如果，自己想成为的理想形象，找不到一个特定的人来对应，就可以试试方法②：写出自己想被别人用哪些话语赞美。

朋友们用什么话来称赞你，会让你感到开心呢？

"可爱"还是"漂亮"？"年轻"还是"成熟"？

温柔、稳重、冷静、潇洒、活泼、开朗、随和、沉着、可靠、能干、聪明、神秘、性感、知性、华丽、野性、纤细、优雅……

形容女性的词汇有很多。

任何词汇都行，请收集能够打动你的话语。收集那些在你今后的人生中，"希望得到这种赞美"的话语。如果不太容易想出来的话，可以去翻翻杂志。在充满了各种词汇的杂志中，一定能找到让自己有感觉的关键词。

别仅仅在脑海中思考这些词汇，一定要在笔记本或者便签纸上把它们写下来。

当你写到再也想不出更多的词的时候，就按优先顺序，把它们排列出来。尤其是排在前三位的词，必须是可以当成咒语一样，每天念给自己听的"美言"。请确认一下，你是否选出了能给自己带来好心情的词汇。

❋ 想得到的赞美之词和发型是相互关联的

想得到的赞美之词，与你应该选择的发型，是相互关联的。

我在这里将列举几项有代表性的赞美关键词，并介绍与这些关键词有关联的发型。除此之外，就是要将你想受到赞美的形象打造出来，如选择合适的发型与发色，这可以咨询美发店的发型师。

想要"成熟"的话，要长；想要"可爱"的话，要圆。整体的轮廓越接近细长的椭圆形，就显得越成熟。反之，整体的轮廓越接近圆形，就显得越年轻、可爱。

"利落""干净"的话就是"直线"；"甜美""温柔"的话就是"曲线"。发尾剪出整齐的直线切口，会给人干净、利落的印象。发尾做成卷曲的波浪状，会给人柔美的印象。

　　刘海短的话显得"有个性"，齐刘海显"年轻"，斜刘海突显"女人味"，长刘海则显得"性感"。刘海会大大地左右我们带给他人的印象。露出眉毛的短刘海，会让整张脸显现出来，看起来便很有个性；偶像们常选的切口平整的齐刘海，会给人年轻、可爱的印象；斜刘海会让人散发女性气质；长过唇线的刘海，则给人留下性感的印象。拨刘海的动作，要用在较长的刘海上，看起来才迷人。

　　想要显得"高雅""稳重"，就不要剪层次；想要看起来"有朝气""开朗"，就要剪出丰富的层次。没有太多层次的头发，比较不会随意飘动，因此能给人稳重的感觉。层次少的头发，看起来会比较有光泽。反之，有较多层次的头发，因为发尾容易飘动，所以看起来会显得开朗、活泼。

打造"异国风"用冷色系，突显"端庄""女人味"用暖色系。染发时要注意红色的用量。日本人的头发发色多偏红，所以如果想要营造异域风情，就要选择不带红色的灰棕色、亚麻色等冷色系。带有粉红或橘色的暖色系棕发，则能使头发产生光泽，让人看起来有女人味。

◎ 用词汇来描述『理想中的自己』

✕ 在脑海中思考『理想中的自己』

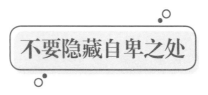

不要隐藏自卑之处

❋ 让你感到自卑的地方，也许能带来魅力

看起来胖嘟嘟的圆脸、看起来很严肃的国字脸、非常细软的头发、令人怀疑为什么会长在这里的发旋……都可能是令人自卑的地方。有位女性甚至说她"憎恨父母的基因"，只因为她有一头天生的卷发。很多女性都对自己的脸型和发质怀有自卑感。

应对这些令人自卑的地方，有两种解决方式。

一是加以隐藏，二是加以发挥。

听起来好像理所当然，但请你先意识到有这两个选项。

过去我曾为时尚杂志的发型栏目，做过几次"比较将自卑之处加以隐藏与将自卑之处加以发挥有什么不同"的策划。

比方说，让同一个模特，尝试"隐藏圆脸，让人显得又瘦又成熟的发型"和"刻意露出圆脸，让人显得年轻可爱的发型"。

事实证明，八成以上的人都是留"不隐藏自卑之处，并将其加以发挥的发型"更好看。究其原因，是因为这样不会勉强自己，因而会让人看起来舒服自在，少了一些自卑感。最重要的是，令当事人感到自卑的地方，很多时候会成为她的魅力所在。当事人也大多更喜欢做了"加以发挥"造型的自己。

其实很多女演员都会将本人觉得是自卑之处的部分，完全展露出来。

多数人可能以为女演员不会有长相上的困扰，但事实上，她们也有各种各样的烦恼，像是塌鼻子、国字脸、雀斑过多、额头过宽等。然而较成功的女演员，其实都是选择了完全展露"缺点"的发型，正是这种"自己觉得不好看"的部分，才能成为一个人的个性所在，进而使自己成为吸引他人目光的焦点。

✳ 直面自卑之处，让自己喜欢上自己

有一位女性，从小就因发质硬、自然卷，而感到自卑。小学时，她因为自然卷而遭到霸凌，从那以后，她就一直不间断地去做卷发矫正，借此隐藏她的自然卷。做过卷发矫正后的她，头发变得非常直顺，看起来却极为普通，因而常被看成是个性阴沉、不起眼的人。

有一次，她去了一间以前没去过的美发店，接待她的发型师问起她的梦想和今后想做的事，当她说出"想做国际志愿者""想去南美洲，现在正在学西班牙文"时，发型师问她："那为什么非要烫成直发呢？"

她告诉了发型师小时候遭受霸凌的事，于是发型师问她：**"那个已经成为过去的你，现在应该可以丢掉了吧？"**

然后发型师建议她选择螺旋烫，将她的自然卷进行了发挥。"既然想去南美洲，不如就走'拉丁风'吧！"发型师果断地提出了这样的建议，并半强迫地让她接受了建议。

几小时后，当看到镜中的自己，她非常惊讶。因为镜子

里面是一个看起来朝气蓬勃又开朗的女孩，简直不像她自己。

因为人们常会通过外表来判断一个人，所以过去总被认为不起眼的她，在那之后反而被当成一个开朗、积极的人。于是，因为人们对她看法的改变，她自己的性格也发生了变化，变得非常活跃而积极。

在那之前，她只是在学习西班牙语；从那之后，她开始为了筹集旅费半工半读（据说以前她去应聘，都会因为外在形象的某些问题而无法通过面试）。最后她终于实现愿望，以背包客身份前往南美洲旅行1个月。

大学毕业后，她成功进入外资企业，仍经常在长假时去南美洲旅行。想不到吧，她现在还嫁了一位牙买加老公。

她的故事，就是把外表的不足之处转变为自己特色的很好的例子。

当然，也可以选择隐藏自己的自卑之处。但是，如果能像她那样直面甚至展露自己的自卑感，我们才会逐渐变得自信。 所以不要遮掩，直面自卑之处有时能让自己变得更好。

要点

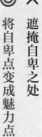

× 遮掩自卑之处

◎ 将自卑点变成魅力点

想要脱颖而出就不要留长发

※ "摆脱平凡" = "舍弃长发"

人的视线一般会集中在刘海和脸周围，而不太会注意到头发的长度。前面也提过，有时将头发剪短20厘米，别人可能都不会发现。

反过来说，长发的人稍微修一下发尾或者简单换个造型，在别人眼里是没什么差别的。

说得直接点，头发长度超过胸线，无论什么造型，看起来都不会差太多。

因此，想要与众不同，最快的方法就是舍弃长发。

很多实力派演员，比如长泽雅美、苍井优、荣仓奈奈、深津绘里和小泉今日子等，都曾因短发造型给大家留下深刻印象。

此外，在电影《哈利·波特》中饰演赫敏的女演员艾玛·沃森，曾在某个时间点剪了一个像男孩子一样的耳上短发。据说就是因为这个大胆的改变，才帮助她摆脱了赫敏的形象与童星定位的限制。

※ 找工作时，能让人印象深刻的发型

有一位发型师深受大学生求职者喜欢，因为大家都在说："只要找他剪头发，就一定会被心仪的公司录用。"

我听到传闻后，特意找这位发型师问他的秘诀是什么，答案让人大跌眼镜。

"对于找我剪发的大学生求职者，我一定会推荐长度不超过锁骨的发型。" 什么？ 就这样？ 我想是的，事实真的就是这样。

他会在与顾客商量后，再决定是要剪波波头还是什么其他类型的短发。不过无论选择什么发型，最终结果一定就是"不留长发"。就是这么简单。

他告诉我，大学生们在参加"就职活动"（译者注：日本

大学生从大学三年级就开始四处参加招聘会，被录用的人在毕业时可直接入职，这个过程被称为就职活动）时，清一色都是套装、黑长发，被评论为"全世界最不具个人特色的活动"。他觉得，要在面试中脱颖而出，剪短发是最好的方法。

确实，在面试中，几乎所有女性都是将头发梳到脑后扎成一束。这时候剪个波波头或者其他短发的人就会很引人注目。

我特意咨询了负责招聘的朋友，他说："确实，短发的人从一开始就会比较醒目，但又不至于太惹眼，所以会给人好感，在面试中给人留下较深的印象。"

这里所使用的就是"想要脱颖而出就不要留长发"的法则。

※ 短发会使人变活跃

绝大多数的人在把头发剪短后，会显得更有个性，同时也会由内而外变得活跃起来。

这是因为与长发相比，**短发可以露出更多的面部，加深他人对自己脸部的印象。**不可思议的是，人也会变得更活跃，更敢于表达自己的主张。

很多留短发的人都很活跃，似乎不只是因为发型本身带来的形象变化，更是因为这样的发型让自己内心产生了改变。

提高剪发成功率的沟通方法

即便已经决定好想要留的发型，也可能无法准确地让发型师理解自己的想法，这是我经常听到的大家的困扰。甚至还有人抱怨"从来没有被成功剪出自己想要的发型"。别轻易放弃，可以试试接下来要讲的沟通方法。

※ 最重要的是自我表达

在与发型师进行交流时，最重要的就是准确传达"自己的期望"。实际上，在美发店剪不出自己满意的发型，几乎都是因为沟通不到位。即使不喜欢美发店的氛围或者有过失败的经历，也请把这些放下，下定决心坦率地与发型师沟通。在此基础上，还有以下四点需要注意。

首先，千万不要说"你帮我选个合适的发型吧"。
对初次见面的美容师说"你看着剪吧"或"你帮我选个

好看的发型"是很"冒险"的事（但若是对来往多年、了解你需求的发型师这么说，则没问题）。**发型师是专业人士，但不是超人。**虽然发型师通过看你的脸型和判断你的发质可能会有些想法，但如果你没有准确说出自己的目标，对方还是会觉得无从下手，毕竟他们不会读心术。

不说出自己的想法，只扔给对方一句"你帮我剪一个好看的发型"，是对自己不负责任。就像给家装设计师一张户型图，不告诉人家你想要什么风格，就让别人帮你选好家具一样。

其次，如果要给发型师看"理想发型"的照片，请最少准备3张以上。

按照前文给出的方法，找到了理想的发型照片时，可以直接展示给发型师看。

经常听到有人说："我长得不好看，拿漂亮的照片出来很不好意思。""拿女明星的照片当参考，会被人嘲笑。"其实，这样的事情不太可能发生。

我向你担保，看到照片的发型师只会更加了解你的想法，进而认真对待你的需求。

只不过，我还是建议你多准备几张照片存在手机里。一般给发型师看几张参考照片，他们就能推断出"哦，你喜欢这种刘海的感觉"或"虽然长度不一样，但你想要这种卷度"等。如果发型师能做这样的比较，那么他们在帮你设计发型时，精准度会大大提高。

再次，没有照片，就说出"想被赞美的话 + 理想的头发长度"。

没有照片或图片，不妨参考前文的方法，**告诉发型师你想要听到的、别人看到你新发型会说的赞美之词，然后再说出你想要的头发长度。**

比如，你可以这样说："我想要看起来干练、可信赖，如果我想剪齐肩的长度，你觉得什么样的发型比较适合我？"

"这样的波波头看起来很可爱""这样的波波头看起来好漂亮"以及"这样的波波头看起来真性感"，都有各自不同的剪法。所以跟发型师沟通时，一定要说我要剪"看起来×××的波波头"，这样才能把你的想法和发型师的理解之间的差距缩到最小。

最后，告诉发型师你平常打理头发的方法。

"好不容易剪了满意的发型，一洗头就又打回原形了。"我经常听到这样的抱怨。这是没有跟发型师说清楚自己日常打理头发的方法所导致的。

平常会用卷发棒烫卷头发吗？虽然不用卷发棒，但每天都会边梳理边用电吹风吹头发吗？还是说觉得上述方法都太麻烦，所以想剪一个直接用手就可以打理好的发型？

如果是初次合作，务必告诉发型师之前剪的发型什么地方你很喜欢，什么地方你不是很满意。

可以的话，最好也告诉发型师，自己是习惯早上还是晚上洗头（后面会提到，其实晚上洗头对头发比较好）。

要点

◎ 清楚地表达自己的需求，包括长度、样式等

✕ 完全交给发型师帮你做决定

选发型师有时候比选男朋友还重要

这样说当然有点夸张。**但是遇到特别合拍的发型师，有时候真的会让自己"步步高升"。**所以我说，选发型师比选男朋友和老公还重要。这里向大家介绍，如何找到最适合自己的发型师。

※ 帮助你找到最合适的发型师的方法

想遇到适合自己的发型师，最有效的方法是朋友介绍。如果你认识的人里面，有谁的发型让你觉得特别迷人，那就试着让人家帮你引荐一下。

选择发型师与寻找另一半有时候是一样的。比起乱枪打鸟似的不停地与陌生人联谊，试图从中寻找好的缘分，不如请了解你的已婚夫妇给你介绍，成功率会更高。因为介绍人一般都会比较清楚你喜欢的类型，而且对方如果赴约的话，从一开始就不会抱着应付一下的心态。

同样，对发型师而言，面对"别人介绍来的客人"时，他们会产生"好开心有熟客为我介绍新客人"的心情，也就更会想要"好好表现，让客人满意"。

❋ 可以先尝试只做护发或头皮按摩

第一次去某家美发店，总是让人感到紧张或担心。如果某家店让你很想尝试看看，但又没人为你引荐，使你觉得第一次去就剪头发自己很不安心，那么**先试着预约护发或者头皮按摩，也是个不错的方法**。

虽然为你洗头或做按摩的可能是学徒，但最终为你定型的一般都是发型师。这时，你可以试着聊聊，你对自己头发的困扰和下次想尝试的发型。如果沟通得很愉快，下次来的时候就可以让人家帮你设计发型。第二次再来的时候，因为对这家店的情况已有大致的了解，在讨论发型选择时，也会更容易说出自己的想法。

❋ 男性发型师和女性发型师，各有各的特色

还有一个方法是指定要找男性发型师或者女性发型师。

一般来说，男性发型师给人的感觉多半是在剪发技术上很自信，可能在头发护理用品方面有比较深入的了解。此外，他们能够站在男性的角度，帮你设计更容易吸引异性的发型，这是男性发型师的优点。

另一方面，女性发型师多半会因为她们也是女性，所以会比较注意发型的日常打理是否方便。许多女性发型师善于设计自然而不至于太精雕细琢的发型。

❋ 最好不要临时预约

无论哪种情况，**最好避免当天要去才临时预约**。因为临时预约的话一般会赶上"晨会"。

在日本，绝大多数的美发店都会趁着开始营业前的"晨会"，**将所有要来的顾客的资料卡取出来，确认一天的工作流程**。这时哪怕突然有顾客通过网络或电话预约当天的时间，他

们还是会优先安排提前预约的客人，因此临时预约很容易造成沟通时间不足。当然，如果是有常年合作的发型师，只要他有空，要剪发时马上预约也是没问题的。只不过，这样做发型师还是会因为没有"在晨会时重新阅览顾客资料，并进行意向训练（image training）"，而对发型设计产生不利影响。

❋ 经常换美发店的人容易吃亏

为了使用专为新客提供的优惠券，而不断更换美发店，其实是得不偿失的。

不管多厉害的发型师为你提供服务，都未必能一次就剪出符合你期待的发型，因为你现在的头发上还留有上一个发型师修剪过的痕迹。要等到上一次剪发的痕迹消失，以便新的发型师能充分发挥实力，需要半年到一年的时间。

每次都去不同的美发店，就和每次都找不同的牙医一样。在提供不同治疗方案的牙医间换来换去，没准儿就会发生钻开不必钻的牙齿的情况，或者在治疗上浪费大量的时间。剪发也是如此。请抱着至少要找同一个发型师两到三次的想法，试着和发型师多多沟通吧！

要点

◎ 抱着多去几次的想法，认真和发型师沟通

✕ 为使用新客优惠券，不停更换美发店

从发型开始逐渐形成"自己的风格"

※ 头发改变，其他部分也会跟着改变

以自己想成为的样子为目标改变发型后，就会产生神奇的力量，**让头发以外的外貌、言行举止，都朝着与发型相匹配的方向转变**。

就像本章一开始所举的例子，在"看起来很会赚钱的发型"的"加持"下，当事人开始选穿"看起来很会赚钱的衣服"，她的工作也确实慢慢变得顺风顺水起来。

在"想谈恋爱的发型"的"加持"下，当事人开始选择能搭配发型的衣服、彩妆，实际上她也产生了想谈恋爱的心情，变得更容易散发出女人味。

比起改变服装或彩妆，改变发型更容易对一个人的外貌、言行举止及心态，产生直接影响。这是因为头发不同于脸上的彩妆，无法用化妆棉卸掉；也不同于身上的衣服，无法每天穿脱更换。在我们的一生中，头发无时无刻不与我们待在

一起。

头发是身体无法分离的一部分。所以，受头发的影响，人的言谈、举动和心情，都会随之改变。当谈吐、行为与心态变了，生活就会跟着改变。

❋ 摆脱"你的风格"的魔咒

当你顶着焕然一新的发型，正打算开始全新生活的时候，或许会有人品头论足："这发型完全不是你的风格。"这样的评论可能来自你的朋友，也可能来自你的父母或兄弟姐妹。

但你真的没必要被他人强加在你身上的"你的风格"绑架。因为你改变发型，就是为了"脱胎换骨地变成自己想成为的样子"。

如果你想成为的样子不是以前的自己，而是将来的自己，那么就请你不要犹豫，以将来的自己为优先吧。然后，慢慢将你想要的风格变成你自己的风格，最终成为你想要成为的自己——成为真正的自己。

对于在你换了新发型后才遇见你的人来说，今天的你看起来就是"你的风格"。**只要把"风格"朝着新发型指引的**

方向推进，你就会成为想成为的自己。

❋ 改变头发后，要有"脱胎换骨"的决心

换了发型，要更坚定"成为更好的自己"的决心。你的外表已经向"自己想成为的样子"靠近了，接下来，就只需要将配得上发型的服饰、彩妆、举止，慢慢变成自身的一部分。

听说在各式各样的自我成长课程中，有一门名为"**公主扮演**"的课程。

在这个课程中，讲师会告诉你，要去思考"如果自己是公主的话，会有什么样的行为举止"；再通过每天提醒自己，要有像公主那样的言行，来让自己的想法和行为产生"实质"改变；进而使身边人在"实际"与你相处时，把你当成公主般郑重其事地对待。

这里为求简单明了，用了"公主"举例，但你可以将"公主"替换成你憧憬成为的"主管"或者很会打扮的"前辈"等。模仿你想成为的女性的思考方式，按照那样的方式行动，就是所谓的"公主扮演"。

我和指导"公主扮演"的女讲师聊过。她说，在"公主扮演"

中，最快出现成效的，就是先从外貌开始做出明确改变的人。

因为在改变想法和行为前，先从外貌做起，更容易让自己彻底变成另外一个人。据她所言，要改变想法和行为，先从头发开始改变，是个十分有效的办法。

请允许我再重申一次：换了发型，要更坚定"脱胎换骨"的决心。**你的服装、彩妆、行为和态度，都将以你所选择的理想发型为起点，开始自然地产生变化。**

要点

◎ 从头发开始改变自己

✕ 让头发匹配现在的自己

第三章

※

头发代表女人味

女人味藏在"末梢"里，藏在指尖、睫毛，以及发梢。

令人想要用手指卷绕的柔软发束。

刘海落在脸颊上的慵懒光影。

看上去很舒服的蓬松质感。

床单上留下的，有别于香水的发香。

令人忍不住想触摸的顺滑又有光泽的秀发。

拨头发时，飘荡在两人之间的清新空气。

女人越呵护自己的头发，便越有女人味。
女人味越浓，男人就越愿为你展现男子气概。

女人味是藏在秀发间的。

为恋人养出一头秀发

"女人味"这三个字，会让我们想到"柔软、温暖、丝滑"。所以，当开始一段恋情时，我们会希望展现出这几项特质。

而这几项特质中的**柔软和丝滑，很大程度上是由"头发"负责的**。

❊ 为了世界上唯一的那个人而美丽

我周遭很多人是采取美式的交流方式，握手是理所当然的，拥抱、脸贴脸表示亲密，都是生活中常见的现象。

但是只有头发，是恋人的专属领域。

无论关系再怎么亲密，我们一般都不会去摸别人的头发，也不会让别人随便摸我们的头发。对女性而言，头发是全世界的人中，只有那一个人——恋人——才能用心触摸的部位。

让头发"看起来"柔软、"看起来"丝滑是为了让自己看起来更漂亮。但实际上，养出一头柔软而丝滑的头发，是为自己也是为了恋人。

神奇的是，当你一边吹头发，一边在心里默念"希望自己的头发让男友摸起来很舒服"时，你触碰头发的方式也会变得更加轻柔、细致。

昂贵的护发产品和优质的吹风机，当然也能让头发变美丽。但能让女性变得更美的，是想要好好呵护自己、想要好好善待自己的心情。

粗暴地对待头发，会让头发变得越来越粗糙；满怀爱意地呵护头发，则会让头发变得越来越美丽。

所以首先，请下定决心，培养出让自己和恋人感到舒服的头发。然后，用你希望恋人触摸你头发的方式，温柔地对待自己的头发。要拥有一头让人喜爱的秀发，就要自己先宠爱自己的头发。

◎ 摸头发时，把自己的手幻想成男友的手

✕ 随随便便摸自己的头发

一边恋爱，一边护发

为时尚杂志摄影时，我一个月会见到相同的模特好几回。当我感觉某个人的状态似乎跟之前不大一样时，就会问她："你交男朋友了吗？"一般我都会猜对。在模特之间，我的第六感出了名的准（笑）。

其实这根本不是什么第六感，而是因为我总是很仔细地观察她们的头发，从头发上得知相关的信息。

刚开始一段恋情的女性，头发会变得十分美丽。 "女为悦己者容"，她们是为了自己，更是想为了某个人变漂亮，于是开始在头发上下功夫，所以会连发梢都藏着女人味。

同样，当感情不再"新鲜"的时候，也能分辨出来。因为女人的"厌倦"，首先就显现在头发上。恋情结束前的头发，总是带着一丝疲惫感。

※ 恋爱与头发的"发展时间表"

头发会随着恋情发展而变化。

刚开始交往时，总会为了有更多时间看着对方而面对面坐着。另一半看到的，大多都是你的正面。

这个时期，一定要好好地照照镜子。早上当然不用说，在和男友见面前，也请养成至少照一次镜子确认头发状态的习惯。

刘海有没有乱？下颌处的头发动起来会不会很甜美？

当关系逐渐变得比较稳定时，对方常看到的会是你的侧脸。这时候只要看着对方就会觉得很幸福的时期已经结束，演变成只要对方坐在身边就会感到安心。于是与男友的关系，变成了"侧脸关系"。

明明是待在对方身边看着同样的事物，却会产生不同的感受，光是知道这件事，就能让人觉得惊讶又新鲜，进而产生尊重之情与感谢之意，这是感情稳定发展、关系日益稳定的主要阶段。

这段时间，我们会经常看着对方的侧脸说话。

你有看过自己的侧脸吗？**看着侧脸时，映入眼中的，绝大部分都是头发。**毛鳞片是否平整？后脑勺的头发是否蓬松柔软？

当两个人开始一起生活时，对方看到你背影的机会就会陡然增多，像是站在厨房料理台前的模样、在玄关穿鞋的动作、睡觉时翻身后侧躺在床上的姿势等。

比起脸红心跳，更想要岁月静好；比起新鲜刺激，更想要细水长流。在幸福的时光里，让心情逐渐变得和缓，当然是件好事，但这时如果对头发的护理也变得松懈的话，可就不是件好事了。

女人的疏忽懈怠，最先显现在头发上。尤其背后的头发会让人看出一个女人是否用心不足。想让自己一直保持有魅力的样子，就必须把自己背后的头发状态维持得很好。

因为和另一半没有性生活而感到困扰的女性，多半都会在头发上显露出她的漫不经心。所以，先从头发开始，找回自己的女人味吧！

你最后一次去美发店是何时？

刚整理过的发梢上散发出的水润感，是比任何事都让人感到新鲜的。

你现在的发色是什么样的?
是否有染成他喜欢的颜色?

当你和另一半共度的时光越来越长时，请让你的头发随着你的恋情一起"升级"。

这是为了让另一半比现在更加爱你，也是为了让你比现在更爱自己。

要点

◎ 从镜中看自己

✕ 从另一半的视角看自己

美丽的头发让人看起来"天生丽质"

如果已经单身好久，很想谈恋爱，那就请你从打理头发开始做起。要坠入爱河，就得有一头令人感到即将坠入爱河的头发。

❀ 什么样的脸不化妆也受人青睐？什么样的脸不化妆就会让人退避三舍？

有一次，我和一群从事化妆品行业的男性吃饭。

当我们聊到遮瑕力强的粉底时，一名30多岁、负责化妆品研发的男性说出一段很"劲爆"的话："虽然这不是做这一行的人该说的话，但这世界上没有一个男人会喜欢浓妆艳抹的女人喔！"于是，大家话锋一转，开始就"希望女友（太太）化什么样的妆"大聊特聊起来。

在场的7名男性有一个共同的看法，就是他们都认为"脸越接近没上妆越好""最好的是淡到让人觉得没上妆的妆容"。

甚至有一名男性说："化大浓妆的女性太恐怖了，让人感觉无法靠近。"

我心想："全日本，在化妆品上得到'实惠'最多的男性们，竟然都讨厌浓妆艳抹。"于是一边听一边笑，但真正令人吃惊的其实在后面。

觉得没上妆的脸比较好看的他们，竟然异口同声地说："但是只有头发，还是希望女孩们打理得漂亮一点。"据他们所言，"头发蓬乱的话，会让人觉得这个人已经放弃当一个女人了""开始不在乎头发的时候，就说明这个人是个'大婶'了"。虽然这些批评很辛辣，也不够尊重女性，但也并非全无道理。

我十分在意他们的说法，因此在当时主编的杂志上，做了问卷调查，结果有九成以上的男性，和他们意见相仿。

换言之，就是**能接受脸上不化妆，但不能接受头发不打理**。

花点时间在头发上，更容易变成有魅力的女人。

✳ 拥有一头美丽秀发的女性，看起来"天生丽质"

那么，男性为什么会说"能接受脸上不化妆，但不能接受头发不打理"呢？

有个人替我回答了这个问题。这个人是一位靠口碑引发强烈关注的恋爱咨询师，如今受欢迎到咨询预约已排到好几个月之后。

他的答案是——

"因为男性会本能地喜欢上'看起来天生丽质'的女性。"

妆化得太浓，会让人看不出原本的长相，这让男性感到不安。

但头发是"身体的一部分"，所以拥有美丽的秀发，就会让人觉得"天生丽质"，进而会想要把对方当成想要恋爱的对象。

不用动手术，也不用借助衣服或者彩妆等"自身以外"的外力，便能让自己"原有"的外貌加以改变的，就只有改变体型和头发了。

要打造出理想的身材曲线，并非一朝一夕就能办到；但想要让自己拥有一头美丽秀发，却是从现在起就能办到的。

具体方法包括：抚平毛鳞片、打造菱形轮廓、打理出后脑头发的分量感、随季节改变发色，这些我们在前面都介绍过了，各位不妨试试看。

能够引发男性爱慕之情的女人，通常拥有美丽的秀发。

要点

◎ 让别人夸「你的头发真漂亮」

✕ 让别人夸「你的妆化得真好看」

头发为爱而改变

有人说"男人像太阳，女人像月亮"；有人说"女人应该成为太阳，散发火热无比的魅力"；也有人说"女人应该像月亮一样温柔，在太阳的'照射'下展露自己"……

其实，太阳或月亮，都挺好。我认为，真正独立的女性，不是一定要做太阳或月亮，而是有选择成为太阳或月亮的权力与决定自己样貌的态度。就我自己而言，相比太阳的光芒万丈、不可直视，我更喜欢当个如月亮般的女性，时而满月，时而蛾眉月，时而弦月，时而躲在云朵里。

我并不同意，一个如月亮般的女人，是随着"照亮"自己的男性的不同，展现自己不同的一面。我认为，女性如月亮般改变自己，只是单纯因为爱。

❋ 表达爱意，从头发开始

有一位我十分欣赏的模特，她总是会放下自己的身段，将自己的头发"改变"成适合当时感情的样子。

先从头发开始。短发、长发；黑发、棕发；直发、卷发……她大胆的发型改变，总是让她的经纪人措手不及。而头发改变后，她私下的服装和彩妆也会变得越来越接近处于那段恋爱中的，自己最美好的模样。然后不知不觉就发现，她越来越被爱，越来越享受爱，仿佛她一生下来就是那种发型、那种发色，甚至还穿着那样的衣服。

一段恋情结束，另一段恋情开始后，她就会像变了个人似的，整个人的感觉都跟着改变。所以就算不知道对象是谁，也能猜出她的感情状态。而且，**她总是会在主动告白前，就先被对方追求**。**每一次都是如此。**

虽然她是这样的女生，但她看起来绝不是没有自我、摇摆不定的人，因为她是自己决定、自己选择要为爱改变发型和发色的人。

正因为这样，"想要爱与被爱"的心情，才会在外表上完全地表露出来，这也是她特别迷人的地方。用全身的细胞去爱一个人、对于爱情毫不隐藏的她，是如此魅力四射。说真的，连身为女性的我，都忍不住要爱上她了。

也有些人是属于"希望对方喜欢上原本的我"的人，这没什么不好。但是，大胆尝试各种可能，不也是一段有意思的人生旅程吗？

一般来说，恋人只有一个。我们很希望我们爱的那个"唯一的人"也爱我们，所以把自己尽可能地变成"被爱的模样"，不是很好吗？

❋ 发现"新的自己"的机会

不仅如此。当我们因为爱而自愿改变时，这样的做法也会成为自己的机会，让我们和过去不曾谋面的"自己"相遇。

"希望对方永远喜欢我原本的样子"，其实意思有时就等同于"我没有打算让自己变得更好或继续成长了"。

你要不要也试着暂时放下自己的"固执"，让自己"变成"隐藏着的"更好的自己"呢？能够为了深爱的对方改变，就像他也愿意为你改变一样，应该是一件幸福的事。如果既能让对方开心，又能让自己发现"新的自己"，岂不是一举两得？我们可以"不为任何人改变自己"，也可以为爱而改变，你愿意选择哪一种？

我在前面也说过很多次，在服装、彩妆和头发这三者间，**最容易让人感觉到明显的"风格改变"的，就是头发。**

像我欣赏的模特那样，先从头发开始改变，再慢慢采买服装、彩妆，是帮助我们顺利改变风格的最佳方式。

和未知的自己相遇，是恋爱的妙趣所在。

身为女人，可以享受光芒四射的自己，当然也可以在另一半的"照耀"下，变成"弦月"或者"蛾眉月"，怎样都没问题。这只是发光的部位不同而已，太阳或月亮本身一直都是圆的，如同你最迷人的部分并不会因为这种变化而消失。

爱过多少男人，就能拥有多少张不同的"脸孔"。这种"身段柔软"的女性，总是让人感到特别迷人。

要点

◎ 成为『随时都能改变的人』

✕ 执着于『自己原本的样子』

反差感让女人魅力十足

我在前面说过，头发可以像记忆合金一样，只有一种模式。但是，你想要使恋情加速发展的话，就是另外一回事了。

当你想要让他看到自己"许多不同的样子"时，从头发下手是再合适不过的了。因为一般来说，我们不可能在约会中更换衣服，却可以轻松地改变发型。

❀ 归国女日侨会在一场联谊中变换三次发型

有一个朋友说："归国女日侨每次参加联谊，都会变换三次发型。""而且她们各个都很'抢手'！"她的说法让我很感兴趣，接下来我们就聊一聊这件事。

首先，她们通常会以一头飘逸的直发现身联谊场所，看起来非常清纯。

但是，当大家酒越喝越多，气氛越聊越热络时，她们就会在席间将头发全部拨到同一侧。也就是说，她们会将脖子露出半边。刚来时的清纯感觉已经消失无踪，转眼就换成了一副妩媚动人的模样。

当最后一道意大利面或者杂烩粥端上桌时，她们会缓缓地用发夹将头发全部盘起来。这时，脖子就会完全露出来。

听了她的这一番话后，我便在一次有归国女日侨参加的聚餐中，仔细观察起来。结果我发现，她真的以完全相同的顺序，秀出了3种发型。我忍不住在心中呐喊："就是这样啊！！！"（这是国外的标准模式吗？）

当场看完整个过程后，我必须说："**只要是留长发的女性，都应该立刻将这一招学起来。**"在场的男性都因为她的一举一动而心跳加速。很明显，她真的很受异性欢迎，受欢迎到让人觉得"这也未免太不公平"的地步。

首先，将头发全都摆在一边的造型，真的很性感。这是发生在我面前的事，我敢发誓我说的句句属实，当那位女士将头发拨到一边的瞬间，在场几乎所有的男性，全都紧盯着她的脖子不放。

接下来，不知道是我没看清，还是没听清，当她最后把头发盘起来的瞬间，我隐约注意到邻座的男士似乎咽了一口口水。说真的，这比脱下外衣，露出双臂，还更加令人怦然心动。

从直发到拨到一边，再到盘起来。请留长发的人一定要试着练习一下。

❋ 在镜子里寻找"新的自己"

说是要寻找"新的自己"，但其实也不需要太大的改变，只需要稍微变换一下发型，就能让自己与平常产生反差感。

试着把平常躲在头发里的耳朵露出来、试着把发尾烫卷一点、吃饭时把头发绑起来等。光是这样，就能让你的气场，发生相当大的改变。

此外，也建议大家更换定型剂。最近，在日本十分流行只要用一点点分量，就能营造出湿润质感的定型剂。涂抹后，能散发出刚出浴般的性感风情，但是它的湿润感又不会到太夸张的程度，我觉得看起来恰到好处。

男性会对于拥有许多不同样子的女性，感到怦然心动。这就是所谓的"反差感"。这样的女人会让男人觉得：跟这个女生在一起一定会很开心。

　　晚上准备洗澡时，请站在镜子前，试着将头发拨到各种不同的角度看看，也可以用各种不同的定型剂，换换造型感觉一下。

　　当你捕捉到你不曾发现过的感觉时，就请你在另一半面前，展现出那样的风情。

要点

◎ 在联谊时变换发型

✕ 在联谊时脱掉外套

试试极受异性欢迎的女主播发型

✳ 受男性青睐的日本女主播的发型

如果被问到大多数男性喜欢的发型是什么，我会毫不犹豫地回答："cent. Force 发型。"

cent. Force 是日本一家知名的经纪公司，很多受欢迎的女主播包括小林麻央、皆藤爱子等都是这家公司的签约主播。只要是晨间的资讯类节目，不管转到哪一台，都会看到 cent. Force 旗下的女主播。

女主播必须让自己看起来光鲜亮丽，但又不能有女演员或者女模特那种难以接近的感觉，她们必须展现出一般人也能接触的亲和力。她们的职业要求她们必须受到多数男性观众的喜爱，所以这样说来，她们的发型无疑就是更受异性欢迎的发型。

打开旗下有众多这类女主播的 cent. Force 经纪公司的官

网，浏览女主播们的照片，就会惊讶地发现：她们全都留着同一种发型。

其特征为：①三七分的斜刘海；②带有清纯感的飘逸秀发，不过发尾会内卷；③发色是不会太花哨的棕色。

既没有人剪娃娃头的齐刘海，也没有人头发全黑或者染金发；既没有人留波浪卷发，也没有人剪耳上短发。

靠着斜刘海制造曲线，将发尾内卷为曲线"加码"，然后用发色营造出柔和感。这是一种成功增加女人味的发型。

"不管怎样，我就是想受到更多异性的关注！"如果你抱有这样的想法，那就不要犹豫，一定要留"cent. Force 发型"。

◎ ✕

× 日本女主播？没兴趣！

◎ 想要增加异性缘，尝试日本女主播最爱剪的发型

靠头发保持存在感

擅长谈恋爱的女性，与对方没在一起的时候，会把自己"头发的记忆"留给男性。

恋爱中的女人，很多时候真的会时时刻刻都想跟对方腻在一起。

但这种事当然不可能办到，所以只好把没和对方在一起的时间，全部用"关于爱的记忆"来填满。工作时、洗澡时、读书时，全都想着如何才能让自己变得更加迷人。这就是恋爱中的女人。

我深深觉得，女人真的是一种倔强的"动物"，一种因为爱而美丽的"动物"。

但男人就不同了。

他们大多能把工作和生活划分得清清楚楚，甚至让人疑惑他们到底是怎么做到的，因为就连私生活，他们都可以划分为两个人在一起的时间和一个人独处的时间。

当另一半不在时，我们女性总是非常强烈地感受到对方的存在。相较之下，有时候真的会感到这些男人怎么能如此"冷酷无情"。

※ 变成一个"留下五感"的女人

但世间就是存在着"让男人忘不了的女人"和"男人总是会想起的女人"。

她们的共同点在于，会在男性的视觉、听觉、嗅觉、味觉、触觉这五感中留下"头发的记忆"。尤其是在触觉与嗅觉上，留住自己的存在感。

触觉是指手感。
嗅觉是指香味。

她们绝对不会说"不要忘了我喔"这种没情趣的话。但她们会通过自己的头发，在男人的触觉和嗅觉上留下记忆。

在这一章的开头，我提到过头发的触感。

尤其是女性头发的蓬松轻柔以及空气感，是男性头发所没有的质感。抓握发丝里有空气的头发，会体验到挤压空气的触感，我认为这是很容易让男人留下记忆的女人味的象征。

再来是香味。

她们会在约会前精心准备的，就是发香。

头发随风飘动时散发出的清新香味，或是只有曾将头埋入恋人发中的人才知道的性感香气，是她们会带到恋爱里的味道。

有一位女明星曾这样说：**"因为希望我不在时对方也能想到我，所以我会把头发的香气，留在床单上呢。"** 这样的说法，可爱得让人会心一笑。

想留下自己存在的痕迹，与其把耳环或者牙刷放在男友家里，不如留下香味。这么做不但更聪明、更成熟，最重要的是，也更加性感。

头发的味道与体温融合，散发出柔和的气息，就会变成一种鲜活的香气。不同于香水，这是只有近距离接触的恋人才能闻到的、不会显得太有"侵略性"的香气。

所以，请为头发增添自己喜欢的香气吧，可以来自洗发水、护发素、发膜，什么都可以。

因为这是留在对方身边，用来代替自己的香气，所以要当成自己的分身，仔细找出适合的香味，千万不要敷衍了事。

如果这种头发上的香气，会成为自己提升女性魅力的关键，那就再好不过了。

要点

◎ 将『头发香气』留在男友家里

✕ 将『个人物品』留在男友家里

利用摇曳的发束增添魅力

这里要再次提到"侧刘海"。

前面提过，想要看起来瘦3千克，只要左右各留一缕贴着下颌线的头发，修饰下颧骨就可以。

这时候，从侧脸垂下，贴在下颌线上的头发，就是"侧刘海"。

这两缕头发，不只是会带来视觉上的减重效果，还对恋情有助益。谈恋爱时，就得让侧刘海摇曳，制造出变幻的阴影。

将头发轻轻垂在脸侧，本身就会散发出妩媚的气息。当带着曲线的侧刘海摇曳生姿，就会更加楚楚动人，能够让自身的女人味大幅提升。

恋爱指导类的文章经常会提到，男人天生就爱追求摇摆的东西，所以约会时不妨带上会摇晃的耳环，这一点在发型设计时也是如此。

摇曳的头发看起来十分轻柔，让人忍不住侧目，甚至想要亲手触摸。当光影随着头发一起摇曳时，更增添了几分慵懒的美。

发际线上的绒毛（就是那些长度较短，所以绑头发时会掉下来的发丝，有时为了美会刻意留这样的头发）也是如此。重要的是松散感。绑马尾或者盘发时，在耳后留下些许碎发，将会让人显得更加妩媚。

如果你知道自己是"让人没有可乘之机的女人"或"不擅长向男人撒娇的女人"，这时就更要借助头发的力量了。

一段恋情开始时，都会有一种摇摇欲坠的不安定感。摇曳不定、不知道要往何处去的发梢，会让男性的心也跟着"荡漾"起来。

要让侧刘海和前面提到的某些部位的头发摇曳生姿，除了可以用卷发棒烫卷外，还可以用手指缠绕着发束，用吹风机的热风造型，待冷却后松开手指，也能产生相同的效果，制造出有律动感的卷曲度。

※ 绑头发时也要注意律动感

绑头发的关键在于不能太整齐，要营造出散漫感或松懈感——这是窈窕淑女的代名词。

将头发绑成一束时，记得要先吹过、整理过后再绑。直发的人，可以把发尾稍稍烫卷一些。若是想着反正都要扎起来，而省掉这个步骤的话，营造出来的就不是散漫感，而是纯粹的"乱糟糟"。

如果将头发绑成一束，就要在扎好后，一边抓住橡皮筋，一边用抹了发蜡的指腹，在头顶数个地方将头发拉松一些，以制造高度。多这个步骤能让你的马尾特别有味道。

扎丸子头时也一样。将绑好的"丸子"上的头发稍微拉松一点，并在头顶和后脑用手指轻轻拉出一些头发，营造散漫感。多这两个步骤，就能为你的美多增添一份从容。

另外，和松懈感完全相反的是"脑后单髻"。"脑后单髻"在日文中，原本是"拉紧塞满"的意思。换句话说，这是一种绑得规规矩矩、无一丝松懈的发型，会给人一种非常严谨的印象。

当你想要谈恋爱的时候，最好不要梳脑后单髻。

× 成为所谓的『完美的女人』

◎ 成为『有瑕疵的女人』

在恋情出现危机的时候换个发型

当你因为男朋友开始冷落你而感到不安时、当你想和前男友复合时、当你喜欢的是个想要他看你一眼都不容易的人时，只有让自己脱胎换骨，才能一举化被动为主动。如果想以最快的速度让自己脱胎换骨，那就只有改变发型了。

❋ 形象被固定没有出路的模特，改变发型就可能有新机会

前面曾经提过，通过时尚杂志甄选或在某些面试中脱颖而出的新模特，在出道前，都会被建议"去换个发型"。

而在杂志上因为审美疲劳，逐渐不受读者青睐的资深模特，杂志编辑同样会建议她们去换个发型。

最常见的状况是，被保守形象定型的模特，一口气将头发剪短到锁骨下5厘米左右，形象一下子就变得"休闲"起来。

剪了头发后，适合穿着的服装也会变得和以前完全不同，所以换发型既能"利用剪发改变形象"，又能"让服装跟着发型一起换个风格"，产生双重的改变效果。

不是只有将头发剪短才能改变形象，相反，原本留着男孩般短发的模特，也可以在发型师的协助下，一边保持靓丽的发型，一边慢慢把头发留长，这时她们的妩媚气息会成倍增加。

我也见过很多原本因为工作没有起色而犹豫是否该转行的模特，因为改变发型而再次"翻红"的例子。**"头发改变了，就能让自己像变了个人一样""改变发型能让人生重新开始"**，这些说法绝非夸大其词。

无论面对即将结束的恋情、已经结束的恋情还是遥不可及的恋情，只要我们能够做出积极的改变，没准儿就能让自己得到新的机会。

❋ 改变头发是改变形象的最快路径

被指责"下次的歌如果还是没人听的话你就完了"的女歌手、"人气直线下滑"的女模特、"收视率堪忧"的女演员，这些"站在悬崖边"的女人们走投无路时，常会毅然决然地去改变形象。

若只是简单改变妆容，是无法引起话题的；改变说话的方式，也无法立刻让大众注意到。因此，她们能依赖的，就是通过改变头发来重塑形象。因为改变发型，最能帮助人快速改变既定形象。

能让演员和模特儿如脱胎换骨般重生，再次大红大紫的其中一个场所，就是被我们怀着最大敬意称之为"**女明星再生工厂**"的美发店。

在发型师的巧手改造下，一个闪闪发光的、仿佛有着全新人格的"别人"会重生出来。头发改变后，适合的服装、彩妆会更多元，若是演员，能够诠释的角色也一定会更多变，进而让当事人有"更上一层楼"的突破。

说起女演员的形象改变，我第一个想到的就是长泽雅美。以前她的清纯形象深入人心，经常饰演气质千金类型的角色，后来，在接到电影《桃花期》的邀约后，她大胆地将头发剪短至耳下，这样的形象改变引起了大家的热议。

她成功地诠释了电影中奔放而性感的角色，也随之将她的演艺事业推向一个全新的高度。我想，就是当时由发型开始的形象改变，才让她成为一名能够走上戛纳红毯的国际知名女演员吧！

新的发型能带领女性迎来人生的全新阶段。这不仅仅是发生在女演员、女模特身上的事，在我们身上也一样可以发生。

想要一口气逆转人生颓势，就改变你的发型吧！至于要不要放弃当下的一切，也要等通过发型改变形象后再来决定。

要点

◎ 换个发型，再来决定是否放弃

✕ 流泪、抱怨、意志消沉

恋爱与头发的"断舍离"

和恋人两情相悦时，只要是女性都会有相同的愿望，那就是"可以的话，我希望这是我最后一段恋情"。

回头想想，究竟在心里默念这个"咒语"多少次了？

其实我们都明白，很多恋情最后都会结束，某一段恋情不会陪我们走到最后的可能性一直存在。

我曾经多次拥抱过一些女性友人，她们因失去了一段全身心投入的恋情而伤痕累累。就在上个月，我还紧紧拥抱了一个哭成泪人儿的女孩，我新买的衬衫被她的眼泪浸湿了一大片。

我和她一样手足无措，在这样的时刻，我们都无计可施，只能让自己彻底地痛过、伤过，然后再一点点恢复。

我们有了教训，会提醒自己在下一段恋情到来时小心翼翼、不要轻易投入，以减少分手给自己造成的伤害，但等到再次失去时，我们依然会难过，无法全身而退。

无论变得再怎么成熟，我们都没办法让自己时刻保持着清醒去谈一场恋爱。这件事大家都心知肚明。既然如此，还真的不如不踩刹车，一脚到底，一路前进，投入一场没有欲擒故纵、没有退路、需要全心全意投入的恋爱。一个在爱情里会变笨却惹人心疼的女孩，在带着满身伤痕回来时，我想要告诉她的只有一件事：

"跟这段恋情和自己的头发来一场'断舍离'吧！"

❋ 残留在头发上的记忆

一段感情残留的记忆，最后一个被忘掉的，我想是头发。

细胞在数日之后会换一批新的，皮肤也会新陈代谢，没有任何一处皮肤，能够拥有两周前的记忆。

但只有被那个人触摸过的头发，还保存着当时的记忆，当时的感觉会一直留在自己的记忆里。

所以，**失恋时剪头发，是很明智的做法。**

和对方在一起多久，头发中就会留下多久的记忆，与这样的头发"告别"，至少能让自己"脱去一层表皮"，让自己身上只剩下不曾认识他的"新生表皮"。

这样的事实，将会成为推动我们往前走的力量。朝着新的人生迈出小小一步的我们，会因为这股力量的支撑而变得更加勇敢。

不止如此。剪头发也能向他发出诀别的信息。

"我已经不是你认识的那个我了，我决定要朝下一个阶段迈进了。"能为我们发出这种宣言的，就是头发。

若因此而让对方觉得自己"损失"大了，那当然很好；若对方没有放在心上，也没什么。知道自己只能朝下一个"未来"前进时，剪头发，对女人而言是一种将依恋彻底抛开的仪式。

其实，这比丢掉满是回忆的项链、删除微信里的对话、搬家，都更加有效，这就是头发的"断舍离"。

"都什么年代了，哪有人还会因为失恋而剪头发？"希望各位在这么想之前，先尝试剪剪看。真正剪断的不是头发，

而是和他在一起的记忆——他曾经触摸自己
发梢时留下的记忆。

　　我也向前面提到的那个朋友，提出了同
样的建议。后来，她发了一封邮件给我，上面
说："自己现在好多了。"这真是太好了。

要点

◎ 舍弃留在头发上的记忆

× 删掉聊天记录

第四章

❊

头发定义年龄

如果说男性的年龄会从脸上显露出来，那女性的年龄就是从头发显露出来的。

因此，千万不要只顾着护理皮肤，头发和皮肤一样，需要好好保养。

女性头发的"转折点"，就是在35岁。

这么说是因为，从"长相50分 + 头发50分 = 满分100分"的法则来看，从35岁开始，女性就会因为头发而和"竞争对手"拉开差距。而且这个差距会在接下来的几年间越拉越大，甚至会在头发上显得比同龄人年长好几岁。当然，从20多岁就开始保养的人，更能持续保持优势。

35岁过后，美丽与否不再单纯依靠长相，而是更多地由头发决定。

你想不想试试，参加同学聚会时，从昔日"班花"的手上，一举拿下"全班第一美人"的称号？

本章所要介绍的，就是让头发保持年轻、健康的保养方式。

你看起来的年龄由头发决定

※ 从40岁开始变漂亮和变丑的人

我是针对40岁以上人群的头发造型与护理网站的主编。

我们的美发网站邀请了近百家美发店，请他们帮忙拍摄40岁以上女性的头发造型。

参与拍摄的模特，全部都是理发店的顾客。她们入选的条件是必须在固定美发店剪发超过1年。其实这些模特大部分都是与指定美发店合作时间达5年、10年以上的忠实顾客，而且她们都是很快就找到合拍的发型师并保持长期合作，所以她们对自己头发的满意度也很高。

令人惊讶的是，拍摄时我们发现：她们每个人看起来都比实际年龄年轻至少3岁，年龄为五六十岁的模特，甚至看起来比实际年龄年轻近10岁。

当我们向她们询问保持年轻的秘诀时，几乎每个人都说自己每隔一个多月就会去一次美发店，染黑白发、剪头发或者做头发保养。

定期到美发店消费确实需要一笔预算，但她们愿意投资自己的头发。这不是因为她们生活富裕、不用为钱烦恼，而**是她们选择优先把钱花在头发上，相比花在其他地方，这能让自己看起来更漂亮、更年轻。**

其中一位50多岁的女士说："买一个名牌包的钱，都够我在美发店消费一两年了。而且，只要把头发弄得美美的，到哪里都会听到别人说'你看起来好年轻''你好漂亮'，这可比买个名牌包划算多了。"

让人看起来比实际年龄年轻的头发，具有以下特点：

一是有分量感。

二是有光泽。

三是没有明显的白头发。

只要拥有这些特质，任何人都能让自己看起来更年轻。接下来，我们来详细聊一聊。

× 购买各式各样的抗衰老产品

◎ 把钱『投资』在对外在年龄影响最大的头发上

不要用洗发水洗头发

想要通过头发让自己看起来更年轻，最重要的关键在于"头皮的护理"。随着年龄增长而出现的头发问题，大多数都是因为生长头发的"地基"开始出现"毛病"，也就是头皮老化。

年龄渐长，头发会慢慢失去光泽，发丝也会逐渐变细、变得容易卷翘，这些都是因为头皮松弛，毛囊从圆形变成椭圆形所造成的。椭圆形的毛囊不容易长出健康的发丝。脸部周围的皮肤特别容易下垂，进而造成毛囊变形，所以年龄增长容易使脸部侧面出现白发或者发生头发卷曲的现象。

想要拥有美丽的头发，头皮的护理是重中之重。具体来看，就是要检查自己每天洗头的方式是否正确。

❋ 洗发水洗的是头皮而不是头发

洗发水不是用来洗头发的，请记住，**洗发水主要是用来清洁头皮的**。我想大家应该都知道，洗头时不能使劲地用指甲抓头皮。正确的洗头方式是，将指腹贴在头皮上，在手指不离开头皮表面的状态下，按摩头皮，**只要能感觉到头皮在移动就可以了**。这样做既能清理掉毛囊里的污垢，打造出容易长出健康秀发的"土壤"，又能通过按摩头皮促进血液循环。

特别是耳朵后面有很多淋巴组织，按摩这个部位，可以促进皮肤废弃物的排出。

头发中段至发梢，如果没有附着发蜡等定型物，一般用温水冲洗，就可以清洗干净。而且，洗过头皮的洗发水流过，已足以将发丝洗干净了。

头皮和脸部肌肤经常被看作是不同的"东西"，但实际上它们是相连在一起的皮肤。

当头皮松弛下垂的时候，脸上就会出现松垮的痕迹。当头皮抵挡不住重力时，脸就会变得越来越像斗牛犬。

每次看到用高价的护肤品来涂抹皮肤，拼命做脸部保湿，却没有对头皮进行任何护理的人，我都不禁会觉得真是不明智啊！所以要提醒大家，首要该做的就是在洗头时，提醒自己为头皮"做运动"。

如果可以的话，推荐大家到美发店做头皮按摩。头皮按摩能帮助我们打造坚固的"头皮地基"，使我们长出健康的头发。有些人可能以为，头皮按摩只是帮我们放松的服务项目，但其实这是一种有助清除头皮污垢，让头皮获得明显拉提效果的护理方式。头皮按摩比到美体沙龙做保养，更能让我们的脸部变得紧致，所以各位到美发店时，不妨顺道做个头皮SPA按摩。

❋ 洗发水最重要的就是清洁力——这是错误的想法

有些人会因为洗发水没有搓出泡泡而觉得没洗干净，进而会用更大量的洗发水洗头，其实这对头皮是非常不好的。

涂抹在脸上的洗面奶，我们会想选温和的；涂抹在头皮上的洗发水，我们却极为重视清洁力强不强、容不容易起泡。这其实是非常矛盾的。对待头皮要像对待其他部位的皮肤一样温柔。

如果依然追求"起泡"这件事的话，建议各位在涂抹洗发水之前，先用温水将整个头皮洗一遍。如此一来，即使用比平时量要少的洗发水，也能产生丰富的泡沫。

❋ 成分好坏所造成的差异，洗发水比护发素更大

如果你只能在洗发水和护发素之间选择一样购买更好的

产品，那请毫不犹豫地选择购买好的洗发水。

因为高价的护发素和低价的相比，成分的差异并不像价格的差异那么大，但高价的洗发水和廉价的相比，却在成分上有明显的不同。直接涂抹在头皮上的洗发水，最好选择对皮肤更温和且原料中不含石油加工制成的物质的产品。

因为挑选洗发水时，必须根据发质选择不同的产品，所以我也无法给出具体的建议。这方面可以请你的专属发型师为你观察头皮和头发的状态，选出合适的产品，这样就能安心购买了。

◎ 用洗发水「洗头皮」

✕ 用洗发水「洗头发」

让护发产生双倍效果

我告诉大家洗发水是用来洗头皮的，但相反的是，护发素却不能碰到头皮。护发素是用来养护头发中段到发梢的。

要提高护发产品的使用效果，需要采取对的涂抹方式。涂抹时有以下两个重点：

其一，涂抹护发素前，必须先擦拭一下头发上的水分。头发湿嗒嗒时，发丝内部的水分是饱和的，护发素很难渗透进去。

只要先用毛巾轻轻地擦去水分，再涂抹护发素，就能提高渗透力。

其二，建议在涂抹护发素后，用齿距宽的扁梳梳一下头发。我们的头皮上长着难以计数的头发，要让每一根头发都涂抹上护发素，几乎是不可能的事。有些留长发的人喜欢抓起整把头发，用拧、挤的方式来涂抹护发素，这样做其实绝大部分的头发都没有沾到护发素。

相比用手揉一遍头发，用扁梳梳头发更容易让护发素深入头发的各个角落。这是一个十分简单又专业的方法，所以请大家养成用扁梳的习惯。

遇到重要的日子时，请在前一天进行包含两次护发的特别护理流程。在像平时那样使用洗发水＋护发素并用水冲干净后，将头发的水分擦去，然后再涂抹一遍护发素。因为能立刻见效，所以也很推荐在同学会的前一天这么做，头发会变得水润而有弹性！

要点

◎ 涂上护发产品后，用扁梳梳头发

✕ 用手涂抹护发产品

晚上洗头比早上洗更有利于头发健康

你习惯早上洗头还是晚上洗头？其实，如果问专业发型师的意见，绝大部分的人会告诉你：**绝对是晚上洗比较好**。

❋ 晚上洗头的好处

第一个理由是，晚上的头皮和头发是脏的。

定型产品、空气中的尘埃，以及汗水、皮脂等，都会形成油脂和污垢，所以一天下来头发会变得很脏很脏。不洗去这些脏污就睡觉的话，会给头皮和头发带来负担。

带着不干净的头皮和头发睡觉，会使这些脏污附着在枕头、棉被上，使枕头、棉被产生味道。

再者，据说健康的头发，在夜晚人睡眠时更容易生长。

入睡一两个小时后，体内会分泌生长激素，促使头发生长。如果这个时间段头皮被污垢堵塞住，就会妨碍头发的健康生长。

所以，如果你有掉头发、头发变少的困扰，我会特别推荐你晚上洗头。

不只如此，早上洗头还有一些坏处。

头皮要花一段时间才能在清洁后分泌出必要的皮脂。洗头后头发需要五六个小时来分泌这些皮脂。所以，**如果在早上洗头，出门时头皮就会呈现完全暴露在外的状态**。头皮在毫无防护之时，会被紫外线等刺激，受到损害。

有些人可能会因为晚上洗头头发会被睡得乱七八糟等原因，而特别坚持想在早上洗头。若是如此，还是可以早上洗头，只不过洗完头，要记得在头皮上喷上防晒喷雾，来保护自己的头皮。

要点

◎晚上洗头

×早上洗头

通过定期染发找回美丽

前几天，刚好和一名女性友人一起参加了某高级百货公司为高端客户举办的优惠促销活动。

看到贵妇们拿起要价几十万日元的外套，一件又一件试穿，并且结账的时候毫不手软，老实说我的想法是：与其花数十万日元在那些外套上，还不如将新长的白发染黑，这样既不必花费那么多钱，又能让自己看起来更年轻漂亮……

※ 利用对白发的护理来让自己变年轻

大家应该经常听到这样的说法——**长白发后对待头发的方式，会在很大程度上决定外表的美丽程度。**

举例来说，有 A 太太和 B 太太两个人，她们之前都为了带孩子而忙到完全没有时间去美发店。当 A 太太开始长白头发时，她又开始定期去美发店；B 太太则没把长白头发这件事放在心上，只是自己在家里一个月染一次。

这两个人数年后的外貌年龄，应该会拉大到5岁以上的差距。

许多40岁后突然变漂亮的女性都说："因为长了白头发，让我又开始去美发店了。"

去美发店时，不会只做通过染发遮盖白头发的项目而已，还会持续修剪头发。头发保持得很整齐，样貌自然也会保持年轻。

一整年都没认真修剪的头发，会像稻草一般。以衣服来打比方，这样的头发会像是一件起满了毛球的毛衣。反之，两三个月就修剪一次的头发，则是水润有光泽的。光是这样就能让人的外表看起来更年轻。

如果你开始在意自己的白头发，请定期到美发店去，并把这当成是让自己变年轻的机会。

❋ 到美发店染发和自行染发的区别

朋友询问我关于头发护理的事时，我要求她们绝对不要做的，就是自己在家染头发。

家用染发剂是为了迎合头发最难上色的人群而研发的，

这样的染发剂容易对头发造成不必要的伤害。头发一旦被刺激性强的染发剂伤害过，之后再怎么保养，都很难修复。

美发店在染发时，会对新长出来的发根部分和已经染过色的中段到发梢的部分，使用不同的染发剂。再者，美发店在染发后，会把附着在头皮上的染发剂彻底清洗干净，他们还会采取一些方法让头皮恢复成弱酸性。美发店是依据每位顾客的实际情况，用最温和而不刺激的方式染发。

如果遇到非得立刻染发不可而必须在家中染发的情况，请只染发根就好，不要把染发剂涂抹到全部头发上。

❋ 不用因使用白发专用染发剂而感到受打击

白发专用染发剂和一般染发剂的不同之处在于棕色色素的比例。

白发专用染发剂中含有较多的棕色色素，能使白发比较容易上色。

有些人会因为发型师说要使用白发专用染发剂而感觉受打击，但其实白发专用染发剂和一般染发剂的差异，并没有我们想象中那么大。

我曾经问过我的发型师："我是不是差不多该使用白发专用染发剂了？"结果发型师竟然告诉我："咦？大概两年前就开始使用白发专用染发剂喽！"两者的差别就是这么不容易感觉出来。而且，白发专用染发剂因为棕色色素比较多，反而具有比一般染发剂更不容易掉色的优点。

最近，不断有新的染发剂研发出来，还有颜色相当浅亮的染发剂上市。可选择的颜色增多了，哪怕使用白发专用染发剂都不用担心和之前的发色不一样。关于这方面的内容，可以向你的发型师咨询。

发色浅亮遮百丑

　　我会建议白头发增多的人，干脆把自己的头发染成浅亮的颜色。染得浅亮一点，当然不是说要你染一头金发，而是不必染黑，可以染成自然的棕色。

　　遮盖白发的方式，分为"隐藏"和"淡化"两种。

　　"隐藏"正如字面之意，就是将白头发染黑。前面也曾提过，最近市面上的白发专用染发剂出现了越来越多的和一般染发剂一样的时尚发色，不用再像过去一样，几乎清一色都是墨黑色。

　　尽管如此，白发专用染发剂为了让白头发彻底上色，都会搭配大量的棕色色素，所以相比一般染发剂还是会给人略显暗沉的感觉。

　　至于"淡化"的方法，则是将白发以外的头发染成浅亮的颜色，借此让白头发相对而言不会那么明显。

举例来说，将头发整体染成浅亮的棕色，白发就不会像在黑发中那么明显。如果再搭配上"浅色挑染"，透过漂白脱色，刻意制造出成绺的浅亮部分，就会使白发变得更不醒目。

以前，制作日本第一本染白发专用的发型型录《使成熟女性光彩照人的发色型录》时，我们曾向100位女性进行问卷调查，结果大约七成的人都回答："即使长了白发，还是想染成浅亮的发色。"

于是，我们在实际为模特染发时，放弃了将白发染成暗色来隐藏的方法，改用浅亮的发色"淡化"白发，结果几乎所有的人都非常喜欢，还纷纷说："以后都要染成这样的浅亮发色。"

确实，当下服饰和彩妆的潮流，都变得越来越没有年龄之分。如果只是把头发染成了深色，就会跟整体不搭，会感觉只有头发在"变老"。

浅亮的发色，也能衬托出皮肤的美，让熟女们较容易显得暗沉的皮肤，看起来更加有光泽。

把白发部分染成浅亮的棕色，头发自然会给人轻柔的印象。这样一来，可搭配的服饰款式，也会变得更加多样。染成浅亮发色，可以说百利而无一害。

❋ 能掩饰白发的造型方式

长了白头发后仍染成浅亮颜色的好处，不只是可以延续二三十岁时的发色，让人看起来比较年轻。还有一个好处是，跟染成全黑比起来，染成浅亮的颜色，发根新长出来的白发会比较不显眼。

此外，吹头发时，也能通过控制吹头发的方向，让新长出来的白头发变得比较不明显。关键就在于，脸蛋旁边的头发要往前吹，而不是往后吹。

将下颌线旁的头发往前吹，从正面看时，就会看不到发根，也就不必担心新长出的白发会露出来。

在整理造型时使用这个技巧，能让你轻轻松松撑过去美发店前的最后一个礼拜。

白头发因为没有黑色素，所以会比黑头发轻，又因为含水分比较少，所以比黑头发干燥，容易扭曲卷翘。所以，当白头发长出来后，千万不能让头发自然干燥。请务必用吹风机整理头发，让头发表面维持整齐。

光是对待白头发的方式，就能让女性外貌年龄产生大大的不同。长了白头发之后，反而更适合染浅亮而轻盈的发色，各位不妨试试看。

要点

◎ 可以染浅亮的颜色来『淡化』白发

✕ 白头发只能染黑

让人显老 5 岁的毛发

有一种毛发能让任何女性看起来比实际老5岁。

那就是落在脸蛋旁边的头发。如果这种头发还有点"卷曲"的话，看起来就会更显老。

在拍摄现场，我们称这种毛发为"显老毛"，会对这种毛发进行彻底防范。因为**只要有一根这种毛发，就能让年龄看起来相差5岁之多**。

反过来说，在电影或电视剧中，若想表现出疲惫感或者让年龄看起来比较老时，就会刻意做出这种毛发。

这里我要举一个离现在很久远的例子，在日剧《阿信》中，剧组为了营造一个疲于生活的女性角色，就特意让少量毛发垂在脸侧；在有些战争片里，也会通过"显老毛"体现角色所面临的困境。

日本大河剧（译者注：此处是指日本 NHK 电视台制作的长篇历史连续剧）里从20多岁跨越到60多岁的角色，越到后面垂在脸上的发丝会越多。由此可知，这种毛发对外貌的影响有多大。

话说回来，之前描述《东京爱情故事》后续情节的漫画在杂志上刊载，内容是描述男女主角在25年后重逢。阔别20多年，再次看到漫画版赤名莉香时会发现她的脸没什么变化，只是脸侧多画了一根"显老毛"，光是如此，就让她看起来确实老了20多岁。由此可见，"显老毛"的"破坏力"有多强。

❈ 吹风机的冷风"决定"年龄

接下来我就告诉大家如何防范"显老毛"。

第一章里曾经提到，美丽的秀发来自晚上的努力，并请大家在晚上吹整头发。但即使晚上有整理头发，早上起来后，刘海和脸蛋旁的头发有时还是会变得卷曲凌乱。因此，"显老毛"必须在早上处理。

具体做法就是要善于使用吹风机的冷风。

首先，用手指夹住乱翘的头发，拉成一条直线，用吹风机的热风吹10秒钟。

接下来，再用吹风机的冷风吹10秒钟。让"直线的形状"冷却固定。如果你的吹风机没有吹冷风的功能，就需要继续用手夹着，直到热风带来的热量冷却。

这时有一个需要注意的地方。吹风机的热风请对着发根吹，而不是对着发梢吹。**因为一根头发如果发根不直的话，整体就不会直**，所以只对着发梢吹没有任何帮助。一边将毛发的根部拉直，一边加热，就能使毛发不再卷翘。

勾在耳后的头发卷翘时，也可以用这个方法使其恢复直顺，因为这个部位的头发翘起来也会让人显老，所以发现的时候，请用这个方法来处理。

另外，**钻出头发表面的较短毛发，在日本被称为"阿呆毛"，这种毛发也会让女性的脸呈现疲态**。处理这种较短的毛发，需要用手指将其折弯，再以吹风机加热，这样就能防止其翘起来。产后掉发再长出来的较短毛发，也可以用相同的办法处理。

"你看起来有点累，还好吗？"当别人这么问你的时候，请不要只检查皮肤光泽，还要确认一下脸蛋旁有没有扭曲、卷翘的头发，以及头上有没有冒出"阿呆毛"。

要点

◎ 使用吹风机时，『用热风＋冷风』吹干头发

✕ 使用吹风机时，『只用热风』吹干头发

头发有分量，看起来年轻 5 岁

头发有分量，看起来就会显年轻。反之，头发扁塌的话，看起来就会有寒酸、老气的感觉。

但这种分量感，其实只依靠打理头发的方式，就能加以控制。这里要教大家的是，如何通过造型整理和发型设计增加头发的分量感。

※ 利用刘海减龄5岁

首先要介绍的是，利用左右一个人印象的刘海来增加头发分量感的方法。很简单，在吹干头发时，先将刘海逆着你所要的方向吹干。换句话说，你想要将刘海向右侧分的话，就应一边将发根全部往左侧拉，一边吹干。然后，再将刘海摆向原本想要侧分的方向，如此一来刘海的根部就会向上竖起，因而能轻松简单地做出蓬松的浓密感。

❋ 利用分线让自己看起来更年轻

当发量减少或者头发逐渐失去韧性时，分线处通常会变得越来越稀疏、越来越明显。所以，**分线尽量分得不那么明确，会让一个人看起来比较年轻。**

此外，我们还可以靠分线的角度，来增加分量感。当一个人分线部分的头皮看起来很显眼时，就会给人"头发稀少"的感觉，所以我们要将分线分得看不到头皮。

具体做法是，**分线不要以正对脸蛋的直线切入**，而要以斜线切入，也就是说让分线大致朝着头部中央的方向切入。用这种方法分线的话，将头发朝两侧分开时，分线部分的头皮就会隐藏在刘海下面，而不会显露出来，头发看起来也会变得丰盈、立体。

❋ 让发根立起，制造蓬松的分量感

头发是否有分量感有时取决于吹风机的使用方式。让头发看起来蓬松有分量，关键就在于逆着头发生长的方向吹干。

尤其是后脑部位，如果顺着头发生长的方向吹，头发就会变得扁塌。请将发根立起，朝着毛发生长的反方向拉紧，再以吹风机吹发根部位。如此一来，就能让发根向上"站立"，进而制造出蓬松感。

❋ 使用魔术贴发卷

建议各位也可以在头顶和后脑部位使用魔术贴发卷。拉起横跨分线的发束，头顶以前的头发朝前方卷，头顶以后的头发朝后方卷，借此制造出分量感。

赶时间的时候，可以先用吹风机的热风加热，再用冷风吹10秒把头发吹干，如此一来就容易形成"发根向上'站立'的发型"。

❋ 短发的人，颈后发际线部位的头发要吹平

为了加强头顶、后脑和刘海的蓬松感，就必须制造出相

对凹陷的部位。因此，短发的人必须让颈后发际线部位的头发紧贴着颈部，所以请将其发根吹干并压平。

颈后发际线部位的头发戳起来的话，就会使后脑部位头发的蓬松感变得不那么明显。后脑部位和颈后发际线部位头发的关系，就像是胸部与腹部的关系，肚子很大，胸部肯定就会显得小一些。

✳ 剪掉稀疏的发尾，留成波波头

如果你是留长发，而且觉得发尾很稀疏，制造不出分量感的话，就可以试着将稀疏的发尾部分剪去。

最近引发热烈讨论的长波波头，其实是熟女们更应该尝试看看的发型。这几年，40多岁的女明星们都纷纷改留长波波头，也确实成功地让她们看起来更年轻了。

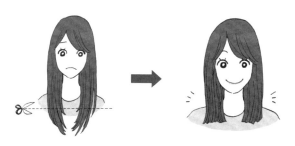

发尾稀疏，会显现出一个人的年龄。长波波头刚好适合将稀疏的发尾剪去，制造出丰盈的厚实感。这样的发型能让你在转眼间，变得年轻俏丽。

❈ 烫发

此外，也建议各位去美发店烫发。说到烫发，很多人会因为过去有过失败的经历而却步，但这里说的烫发，不是指"改变造型的烫发"，而是指"可以增加分量感的烫发"。不是要你在头上上满发卷，而是仅在头顶和后脑部位上几根发卷，制造出蓬松感即可。

懂得"掌控头发分量感"的人，会让自己看起来更年轻。

过了35岁，对待头发的方式不同，会给人不同的年龄印象。"头发有时真的可以决定外貌年龄"，因此，让我们投入比以往更多的时间在头发上吧！

要点

× 沿用20多岁时的造型整理方式

◎ 超过35岁，就要改变造型整理方式

后记

头发几乎等于生命力

去年，因缘际会之下，编写了一本关于医疗用假发的图书。

　　该书是为接受抗癌治疗而深受掉发问题所苦的患者们所写的。希望可以帮他们了解，用真发制作的、可剪可染可烫的假发的相关知识，因为那些假发能制作出接近患者治疗前的真发的发型。

　　为编写该书，我们通过众筹募集了资金。承蒙多方人士赞助，其中支持金额最多的是医生与护士。

　　有位医生写了一段话给我们：

　　接受抗癌药物治疗，造成白细胞数目降低时，我们会做出医疗上的处理。然而，关于掉发，我们只能对患者说："头发总有一天会再长出来，现在请暂时忍耐一下。"但患者依然会因此而心情低落，有的甚至因为不想掉发而拒绝接受治疗。美容能对医疗无法提供帮助的领域伸出援手，这对我们而言是一件让人欣慰的事。

医疗用假发是在进行抗癌治疗之前制作的。在美发店为患者戴上染成患者心仪发色的造型假发时，几乎所有患者都会泪流满面，陪在他们身旁的家人也常常跟着掉眼泪。

"这样我就能安心地接受治疗了。"当患者这么说时，我深深感到"头发是女人的生命"这句话，真的不是说着玩的，它包含着太多的情感。

除了医护人员与家属外，在人死之前，与女人最亲近的，发型师绝对算是其中之一。有不少人在离世前，会用尽最后的力气说："我想剪头发。"我认识的发型师们，全都曾经为了让顾客以最美的姿态迎接人生最后的时刻，而驱车奔向医院，为顾客剪最后一次头发。

我认识一名发型师，他有一个女客人从高中开始就固定找他剪头发。让人难过的是，那个女孩刚入社会就得了不治之症。

在女孩因为疾病变得越来越瘦的时候，他也多次到医院为女孩剪头发。他其实是一位名气大到想预约都很难的发型师，但只要那位女孩提出剪发要求，他无论如何都会去满足。

他说，有一次女孩请他过去，到病房时，他知道这是最后一次为她剪发了。因为病床上的她，脸上化着美美的妆，身上穿着漂亮的衣服，而不再是以往的病号服。

那女孩在高中时期，从来没提过"想要有女人味""想要有异性缘"之类的话，但这一次，她对发型师说："请一定帮我剪得可爱一点。"

剪完头发一周后，女孩停止了呼吸。

生命走到尽头前，人会如何回顾自己的一生？我现在还无法很真实地想象出那个瞬间的感受。

不过，我有时会想，对女性而言，头发是脱去衣服后仍不离身之物，就连生命走到尽头那一刻，头发一般也会在那里陪伴着我们。

我由衷地希望，对你而言，头发能成为你的珍宝，成为你"从'头'开始全新生活"的起点。